研究生精品教材

机械结构分析与优化设计

张 晔 曹文钢 吕新生 编著

合肥工业大学出版社

图书在版编目(CIP)数据

机械结构分析与优化设计/张晔,曹文钢,吕新生编著.—合肥:合肥工业大学出版社,2015.7

ISBN 978-7-5650-1329-4

Ⅰ.①机… Ⅱ.①张…②曹…③吕… Ⅲ.①机械—结构分析—研究 Ⅳ.①TH112

中国版本图书馆CIP数据核字(2015)第096118号

机械结构分析与优化设计

张 晔 曹文钢 吕新生 编著　　　　责任编辑 郑 洁

出 版	合肥工业大学出版社	版 次	2015年7月第1版
地 址	合肥市屯溪路193号	印 次	2015年11月第1次印刷
邮 编	230009	开 本	710毫米×1000毫米 1/16
电 话	总 编 室:0551-62903038	印 张	11.25
	市场营销部:0551-62903198	字 数	170千字
网 址	www.hfutpress.com.cn	印 刷	安徽联众印刷有限公司
E-mail	hfutpress@163.com	发 行	全国新华书店

ISBN 978-7-5650-1329-4　　　　定价:28.00元

如果有影响阅读的印装质量问题,请与出版社市场营销部联系调换。

序

合肥工业大学是一所教育部直属的全国重点大学、国家“211工程”重点建设高校和“985工程”优势学科创新平台建设高校。学校创建于1945年，1960年被中共中央批准为全国重点大学。60多年来，学校以民族振兴和社会进步为己任，坚持社会主义办学方向，秉承“厚德、笃学、崇实、尚新”的校训，恪守“勤奋、严谨、求实、创新”的校风，形成了鲜明的办学特色，成为国家人才培养、科学研究和服务社会的重要基地。

合肥工业大学研究生教育始于1960年，1986年开始招收博士研究生。经过20多年的发展，学校形成了层次完整、类型多样的研究生培养体系。学校设有8个博士后科研流动站，6个博士学位授权一级学科，25个博士学位授权点，83个硕士学位授权点；具有建筑学硕士、工商管理硕士（MBA）、公共管理硕士（MPA）、工程硕士（23个）、高校教师在职攻读硕士学位等4种专业学位授予权。目前在校研究生7800余人。

研究生教育是精英教育，培养的是引领我国科技和经济社会发展的栋梁之材。教材是课堂教学和学生学习的主要载体，教材建设是课程体系和教学内容改革的核心。为进一步加强研究生教学工作，深化教学改革，提高研究生教育教学质量，学校于2008年启动了“合肥工业大学研究生精品教材建设”项目，系统组织编写出版一批学科特色鲜明、学术水平较高的研究生教材。这些教材符合研究生教育改革发展趋势，反映了学科建设的新理论、新技术、新方法，在国内同类教材中水平较为先进。我们希望通过几年的努力，打造出一系列研究生精品教材。

合肥工业大学研究生精品教材编委会

2014年12月

前　言

随着计算机软硬件技术的日臻完善,模拟仿真技术在工程领域的应用越来越广泛。近年来,机械工程专业的研究生纷纷选择运动仿真、工艺流程仿真等作为自己学位论文的研究课题,其中涉及最多的是结构仿真课题。各种有限元分析软件成为研究这类课题的主要工具。但是,他们在开展这类课题研究的过程中,逐渐暴露出机械工程专业研究生数学、力学基础理论功底不足的弱点。

进行结构分析和仿真,需要掌握相当深度的结构力学、弹性力学(包括粘弹性力学、弹塑性力学),甚至分析力学的知识。但是,大多机械工程专业研究生在本科学习期间没有系统学习这些力学课程,于是在开展结构有限元分析仿真研究的过程中,不会判断、分析有限元仿真结果的正确性和合理性,导致得不到预期的分析仿真结果,也不知应采取相应的应对措施去解决问题。

为了使机械工程专业研究生弥补力学知识的不足,较深入地(与本科课程相比)掌握有限元技术的原理,我们为机械工程专业研究生开设了《机械结构分析与优化设计》这门选修课,受到了研究生们的欢迎。

需要申明的是,本书无意系统全面地讲授结构力学、弹性力学知识,而是将结构力学、弹性力学、有限元方法中的相关知识串在一起:从结构力学中的力法、位移法,到弹性力学中的按应力求解、按位移求解，再到有限元方法，虚功原理始终贯穿其中，展现了结构分析过程中科学思路的继承和发展历程。同时，本书介绍了多物理场耦合仿真以及布局优化的基本理论和方法，希望对从事结构分析与优化设计的机械工程专业研究生和工程技术人员有所裨益。

本书作为应用实例，不仅收录了研究生侯永康、石作维硕士学位论文中的研究成果，还吸纳了王其祚副教授指导的张广圣、董玉革、陆晓军、陈雨阳等研究生的研究成果，在此一并表示感谢。

编　者

2015年6月

目 录

第二部分 结构优化设计

概　述

什么是结构？技术系统（设备、建筑等）中承受载荷而起骨架作用的部分（杆、梁、拱、桁架、刚架、板、壳等）叫做结构。以房屋为例，梁和柱是承受载荷的结构，而门和窗则不是。任何技术系统都离不开结构，因此，有关结构的知识是任何工程技术人员所不可缺少的，而且对于技术系统来说，结构存在缺陷常常是极其危险的。

什么是结构分析？在给定结构几何尺寸、材料、受力及支承情况的条件下求得结构各部分的内力、位移和稳定性叫做结构分析，其内容通常为强度、刚度、稳定性的分析计算和校核。

什么是结构优化？根据结构的设计要求（技术经济性能指标），如重量、造价、强度、刚度、频率等，寻求最合理的结构类型、布局、外形、尺寸、材料叫做结构优化，这是一个综合和优选的过程。

在一定意义上，结构分析和结构设计（结构优化）是一对互逆的过程（图 0－1）：结构分析是给定“形态”求其“性能”的过程，而结构设计则是给

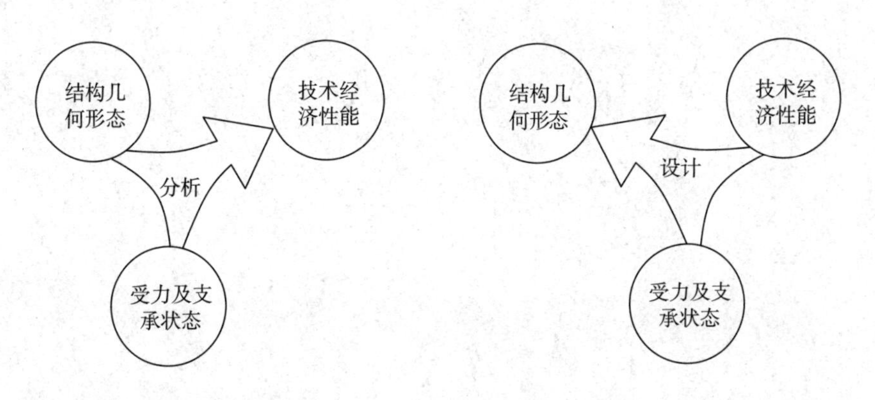

图 0－1　结构分析和结构设计（结构优化）是一对互逆的过程

定“性能”(受力及支承状态已知) 求其“形态” 的过程。

本书内容分为两大部分:第一部分为结构分析,第二部分为结构优化。合肥工业大学自“六五” 以来承担过不少有关结构设计的科研课题,如大型有限元分析程序 DYFIN 的调试和开发、结构多级优化、布局优化、机械结构理想设计等。本书尽可能地将相关研究成果介绍给广大读者。

第一部分　结构分析

结构分析综述

结构分析是指在给定结构几何尺寸、材料、受力及支承情况的条件下求得结构各部分的内力、位移和稳定性的过程。因此，进行结构分析时，总离不开外力、内力、应力、应变、位移这些物理量。研究生对这些物理量并不陌生，在本科阶段的《材料力学》这门课程中曾学习过。要解决结构分析问题，当然要用到《材料力学》中的知识，但是不足以完成结构分析的任务。

对于从事机械产品结构分析的工程技术人员来说，其具备的知识至少涉及三门课程：材料力学、结构力学和弹性力学（针对一些特定的结构分析任务，甚至还要涉及弹塑性力学、断裂力学等课程）。那么，材料力学、结构力学和弹性力学相互之间有什么异同和内在联系呢？

它们的研究对象都是连续的、均匀的和各向同性的理想弹性体，并且都以小变形作为前提，这是共同点。

它们的明显区别：材料力学和结构力学都是用来研究长度远大于高度和宽度的构件，也就是常说的杆件（杆、梁、桁架、刚架等），而弹性力学除了用来更精确地研究杆件外，还用来研究板、壳以及更一般的空间实体。

同样以杆件为研究对象的材料力学和结构力学之间的区别：材料力学着重研究单根杆件以及较简单的杆件组合结构，并在此基础上建立强度条件、刚度条件和稳定性条件，研究与各种内力对应的应力性质和分布规律，为确定构件的截面尺寸提供理论依据和简单适用的方法。结构力学的研究对象为复杂的杆件结构，而且主要涉及计算各杆件的内力，至于其应力分布、强度、刚度和稳定性，则是在求得各杆件内力后直接利用材料力学中的结论和公式进行分析和计算。

也就是说，结构分析就是材料力学、结构力学和弹性力学等知识的综合与运用。

由于材料力学在本科时已学习过，本书将不再重复，在分析过程中直接利用材料力学中的一些结论、定理、公式、计算方法。

本书着重介绍结构力学中处理结构分析问题的一些典型思路和方法，特别是与有限元相关的内容。

对于弹性力学，本书只介绍弹性力学的基础知识。整个结构分析部分的落脚点放在目前用得最普遍，而且是作为计算机辅助结构分析的主要手段的有限元分析上。也就是说，无论是结构力学简介还是弹性力学基础，都是为掌握和运用有限元服务的，而有限元法则是结构分析内容的归宿。

需要说明的是，无论是结构力学还是弹性力学，本书只讨论平面问题，至于空间结构分析问题，相信大家能举一反三自学解决。

第1章　结构力学

§1-1　自由度和几何不变体系

结构力学的研究对象是杆件结构(图1-1)：

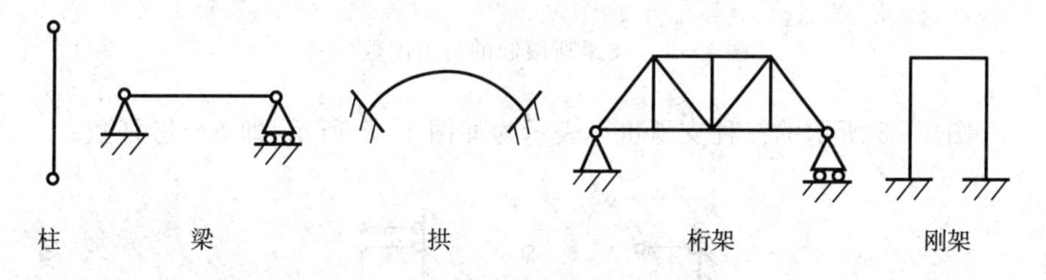

图1-1　杆件结构简图

图1-1表明：杆件结构是由杆(直杆、曲杆、梁)、联结(铰结、刚结)、支承组成的。

杆件的任意组合是否都能作为结构使用？否！

Johnson在《机械设计综合》中利用自由度这一概念对杆系作了很好地划分，为此，本书先介绍自由度的概念。

一个机械系统如果发生运动，那么在运动中唯一确定系统各部分位置的独立坐标的数目叫做自由度。对于杆系，其自由度则是，在发生运动时唯一确定各杆位置的独立坐标的数目。

对于平面杆系，其中任一杆在不受任何约束的情况下有三个自由度(两个平动自由度、一个转动自由度)，那么n根杆件则有$3n$个自由度，但加上联结和支承后，情况就发生了变化，其变化规律是

$$F = 3n - 2m - k$$

其中:n 是杆数,m 是单铰数,k 是支承所限制的自由度数。

单铰指两杆杆端用一铰联结,使一杆端相对另一杆端失去两个平动自由度,只剩一个转动自由度。

如果是两根以上的杆(如三杆)用一铰联结,可视为两个单铰,即 m 杆通过一铰相联,视为 $m-1$ 个单铰,通过联结失去 $2(m-1)$ 个自由度,这称之为复铰(图 1-2)。

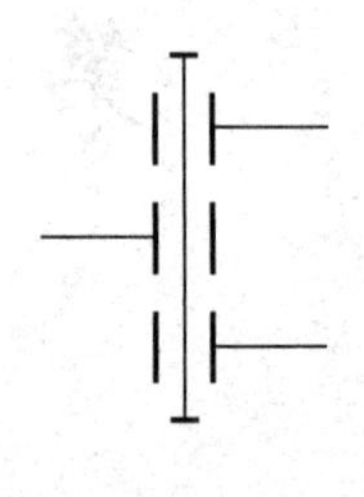

图 1-2　复铰

k 是支承所限制的自由度数,如图 1-3 所示。

图 1-3　支承所限制的自由度数(一)

图 1-3 所示的三种支承也可表示为如图 1-4 所示,即 $k=$链杆数。

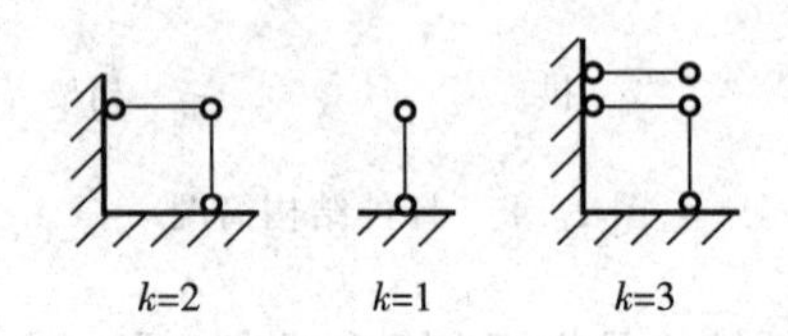

图 1-4　支承所限制的自由度数(二)

值得一提的是,如果各杆都是用铰将杆端联结起来(桁架),还有一种计算自由度的方法:[注意:(1) 都用铰,没有组合联结;(2) 都在杆端]

$$F = 2m' - n - k$$

其思路是,以铰结点为出发点,每个点在平面内有两个自由度,m' 个铰结点在不受任何约束时,总自由度为 $2m'$ 个,两个点之间用一杆相连,则使一点对另一点少了一个自由度,加一链杆亦然。

通过上述公式计算出不同杆系的自由度后,Johnson 将其分为以下几类:

(1)$F=+2$　差动杆机构

(2)$F=+1$　单自由度杆机构

(3)$F=0$　结构

(4)$F<0$　结构或内力加压装置

$F>0$说明杆系在受到一定外力时可发生运动，不能作结构，只能作机构，称为几何可变体系。

$F\leqslant 0$是几何不变体系的必要条件。

其中$F=0$说明体系所具有的联系(联结与支承)恰好保证了体系的几何不变性，这就涉及后面要研究的静定结构。

$F<0$说明体系有多余的联系，这就涉及后面要研究的超静定结构。

值得强调的是，$F\leqslant 0$只是几何不变体系的必要条件，其逆否定理"$F>0$必不是几何不变体系"成立，但其逆定理"$F\leqslant 0$体系必定几何不变"并不成立，因此，利用自由度还不足以判定体系几何不变性(不充分)，为了判定体系几何不变性，还要用到下述规则：

(1) 二刚片(所谓刚片，是指平面中的刚体或平面中的几何不变部分)规则：二刚片用一铰和轴线不通过该铰的一链杆相连，或者二刚片用三根不完全平行也不交于一点的链杆相连，则体系几何不变。

(2) 三刚片规则：三刚片用不在一条直线上的三铰两两相连，则体系几何不变。

(3) 二元体(所谓二元体是指用两根不在一条直线上的链杆联结一个新接点)规则：刚片上增加二元体后体系仍几何不变。

此外，还要注意瞬变(所谓瞬变，是指体系在某一特定位置、某一瞬时几何可变)体系的存在，例如：

三根链杆汇交于一点，体系几何可变；三根链杆的延长线汇交于一点，体系几何瞬变。

三根等长链杆相互平行，体系几何可变；三根不等长链杆相互平行，体系几何瞬变。

三铰位于一条直线上，体系几何瞬变。

§1-2 静定结构的分析计算及虚功原理

静定结构指 $F=0$ 时的几何不变体系。所谓结构分析计算，是指力（内力）和位移（变形）的计算。

静定结构力的计算具有以下特点：

(1) 所有支座反力和内力可通过静力平衡条件($\Sigma F_x=0,\Sigma F_y=0,\Sigma M=0$)全部计算出来；

(2) 外载荷是产生内力的唯一因素，温度、制造误差、材料收缩、支座移动均不产生内力；

(3) 平衡力系作用于几何不变部分上时，其余部分反力、内力为0；

(4) 几何不变部分做构造变换时，其余部分内力保持不变。

下面重点介绍位移计算问题。

位移计算是个几何问题，最好的解法不是几何法，而是基于功能原理的虚功法，这是本节的重点内容。

首先介绍几个概念：

1. 功

功是力与力作用点在作用线上移动距离的点乘积，熟知的公式为 $W=FS$。

在结构分析中涉及两种力：外载荷（外力）和内力。结构变形产生位移，则产生两种功：外力做功（用 $W_{外}$ 表示）和内力做功（用 $W_{内}$ 表示）。

2. 能

在结构分析中涉及的能只是弹性变形能，因而有这样几个前提：

(1) 在弹性范围内（弹性不超过材料的比例极限）；

(2) 没有动能 —— 缓慢、同比例加载（加载过程中时时保持静力平衡）；

(3) 没有其他形式能量（热能、光能）的转化，因此是一个保守的系统。

3. $W_{外}$、$W_{内}$ 与弹性变形能的关系

首先，看弹性变形能是如何产生的。顾名思义，弹性变形能是由于材料

发生弹性变形而储存的能量。如一根弹簧，处于自然长度状态时，没有弹性变形能；利用外力拉伸或者压缩后长度产生了变化（变形），能量才得以储存在弹簧材料中。所以，弹性体因变形而储存的能量叫弹性变形能。

那么，变形又是如何发生的？显然，弹性体在承受外载荷时要发生变形，因此，弹性变形能是由于外载荷作功而产生的，在没有动能变化和系统保守的情况下，弹性变形能的数值等于变形过程中外载荷所做的功，即 $U=W_{外}$。

杆件弹性在拉伸情况下变形能（外载荷为集中力 P，相应变形为 Δl）（图 1-5）为

$$U=W_{外}=\frac{1}{2}P\Delta l$$

杆件在纯弯曲情况下弹性变形能（外载荷为作用于两端的力偶 M，相应变形为作用截面的转角 θ）（图 1-6）为

$$U=W_{外}=\frac{1}{2}M\theta$$

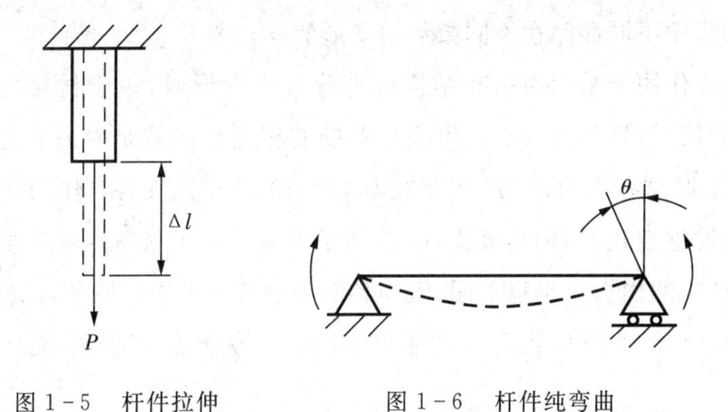

图 1-5　杆件拉伸　　图 1-6　杆件纯弯曲

杆件在横力弯曲情况下弹性变形能（外载荷为集中力 P，相应变形为挠度 Δ）（图 1-7）：

$$U=W_{外}=\frac{1}{2}P\Delta$$

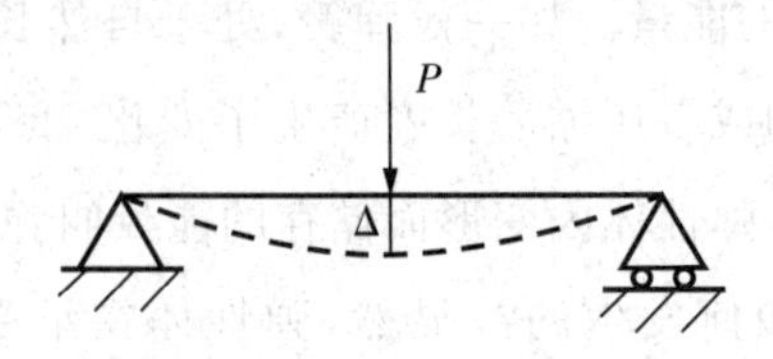

图 1-7　杆件横力弯曲

从上述内容可以看出：

(1) 计算 $U=W_{外}$ 的表达式中，位移量都是外载荷本身作用线(面)上的相应位移，是由外载荷自身所引起的，称这种 $W_{外}$ 为外实功(以区别于后面将提出的虚功)，记为 $W_{外实}$。

(2) 计算 $U=W_{外实}$ 的表达式中都有系数$\frac{1}{2}$，这是因为加载是从0开始的且弹性在比例极限范围内，相应的变形与载荷呈线性关系，这个$\frac{1}{2}$是实功的标志。

再看弹性变形能是如何储存在材料之中的。这种能量不是堆积在外载荷作用点处，也不是均匀地分布在材料中，而是按照一定规律分布在材料中。其原因在于弹性变形能是由于弹性变形而产生的，材料内部各部分将因变形的程度不同而储存不同数量的变形能。

当外力作用于结构而引起结构各部分发生变形时，由于材料内部各部分之间相对位置发生改变而产生相互牵扯的相互作用就是内力。当外力从0开始增加时这些内力也从0开始增加，它们的作用点在各自作用线(面)上的位置也发生变化，因而也要做功，这就是 $W_{内}$。由于材料内部各部分变形不同，所产生的内力大小也不同，因而各部分的 $W_{内}$ 不同。但是，在没有动能变化和系统保守的情况下，它们的总和也等于总的弹性变形能，即 $U=W_{内}$。

平面结构的内力通常有轴力 N、弯矩 M 和剪力 Q，下面逐一讨论由它们产生的 $W_{内}$。

由于上述内力构成一个分布于连续的、均匀的、各向同性的弹性杆件内的力系，研究它们所产生的 $W_{内}$ 时，可从中取一个微段(微元体)来加以研究(图 1-8)。设该微段长为 $\mathrm{d}l$，上面有 N、M、Q。

按理说，作用于右端的应为 $N+\mathrm{d}N$、$M+\mathrm{d}M$ 和 $Q+\mathrm{d}Q$，但对于 $W_{内}$ 来说，它们都是高阶微量，可以略去（事实上，当 $\mathrm{d}l$ 取得充分小时，总可以使 $\mathrm{d}N$、$\mathrm{d}M$、$\mathrm{d}Q$ 趋于0，即认为作用于 $\mathrm{d}l$ 段的是常 N、常 M、常 Q）。现在分别计算 N、M、Q 所做的 $W_{内}$：

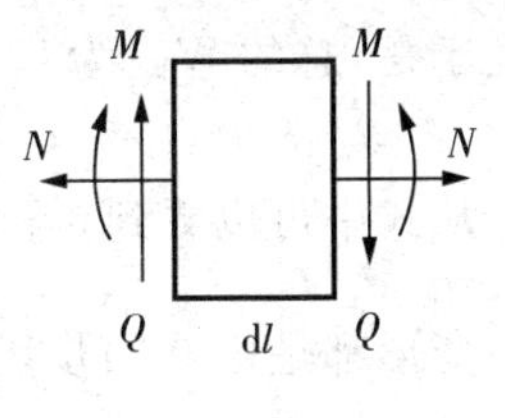

图1-8 微段

(1) 对于 N，其相应的变形为 $\mathrm{d}u$（虎克定律 $\sigma=E\varepsilon$，$\varepsilon=\sigma/E$）

拉伸 $\mathrm{d}u=\frac{N}{EA}\mathrm{d}l+\frac{\mathrm{d}N}{EA}\mathrm{d}l$

由于 $\mathrm{d}u$ 的增长与 N 的增长同步，所以有

$$\mathrm{d}W_N=\frac{1}{2}N\mathrm{d}u=\frac{1}{2}N\frac{N}{EA}\mathrm{d}l=\frac{1}{2}\frac{N^2}{EA}\mathrm{d}l$$

(2) 对于 M，其相应变形为 $\mathrm{d}\theta$（$\frac{\mathrm{d}\theta}{\mathrm{d}l}=\frac{1}{\rho}=\frac{M}{EJ}$）

纯弯曲 $\mathrm{d}\theta=\frac{M}{EJ}\mathrm{d}l$，$\mathrm{d}W_M=\frac{1}{2}M\mathrm{d}\theta=\frac{1}{2}\frac{M^2}{EJ}\mathrm{d}l$

(3) 对于 Q，其相应变形为 $\mathrm{d}\upsilon$（$\gamma=\frac{\mathrm{d}\upsilon}{\mathrm{d}l}=\frac{\tau}{G}$，$\tau=G\gamma$）

但是 τ 沿截面高度是不均匀分布的，$\tau=\frac{QS^*}{Jb}$，其中 b 为截面宽度，S^* 为部分面积对中性轴的静矩，对于任意形状截面，b 和 S^* 均为中性轴 y 的函数。因此，对此再用微面积法，对于距中性轴 y 的 $\mathrm{d}A$ 来说，剪力做功：

$$\frac{1}{2}Q_A\mathrm{d}\upsilon=\frac{1}{2}\tau\mathrm{d}A\frac{\tau}{G}\mathrm{d}l=\frac{1}{2G}\tau^2\mathrm{d}A\mathrm{d}l$$

再对 A 积分：

$$\int_A\frac{1}{2G}\tau^2\mathrm{d}A\mathrm{d}l=\int_A\frac{1}{2G}\frac{Q^2S^{*2}}{J^2b^2}\mathrm{d}A\mathrm{d}l$$

式中仅 $\frac{S^{*2}}{b^2}$ 与 y 有关，即在 A 上是变量，所以上式可写为 $\frac{Q^2}{2GJ^2}\left[\int_A\frac{S^{*2}}{b^2}\mathrm{d}A\right]\mathrm{d}l$，进一步处理为 $\frac{Q^2}{2GA}\frac{A}{J^2}\left[\int_A\frac{S^{*2}}{b^2}\mathrm{d}A\right]\mathrm{d}l$，令式中[]中的部分为 K，称为剪应力不均匀分布系数，则 $W_Q=K\frac{Q^2}{2GA}\mathrm{d}l$；

于是，总的 $W_{内}$ 为 $U=W_{内}=\sum(\frac{1}{2}\frac{N^2}{EA}\mathrm{d}l+\frac{1}{2}\frac{M^2}{EJ}\mathrm{d}l+\frac{1}{2}K\frac{Q^2}{GA}\mathrm{d}l)$

从式中可以看到，与 $W_{外实}$ 一样，$W_{内}$ 每一项都有 $\frac{1}{2}$，这是因为内力和相应的变形都是由 0 同步增长到终值的，且二者呈线性关系，因此称这种 $W_{内}$ 为内实功，用 $W_{内实}$ 表示。

推导出 $W_{外实}$ 与 $W_{内实}$ 的表达式后，实际上就得到了 $W_{外实}$ 与 $W_{内实}$ 的关系，因为二者均等于 U，即

$$W_{外实}=U=W_{内实}$$

所以 $W_{外实}=W_{内实}$，这就是实功原理。

实功原理的意义在于，可以利用它求出载荷作用点沿其作用线方向上的位移，例如：

对于单根受常力拉伸的杆件，由 $\frac{1}{2}P\Delta l=\frac{1}{2}\frac{P^2 l}{EA}$ 可求得 $\Delta l=\frac{Pl}{EA}$；

对于悬伸端受常力矩 M 作用的悬臂梁，由 $\frac{1}{2}M\theta=\frac{1}{2}\frac{M^2}{EJ}l$ 可求得 $\theta=\frac{Ml}{EJ}$；

对于中点受集中力的简支梁（剪力忽略不计），$\frac{1}{2}P\Delta=\int\frac{1}{2}\frac{M(x)^2}{EJ}\mathrm{d}x$，由于对称性，取其一半作研究，$M(x)=\frac{1}{2}Px$，则 $\frac{1}{2}P\Delta=2\int_0^{\frac{l}{2}}\frac{1}{2}\frac{(\frac{1}{2}Px)^2}{EJ}\mathrm{d}x=2\int_0^{\frac{l}{2}}\frac{P^2}{8EJ}x^2\mathrm{d}x=\frac{P^2l^2}{96EJ}$，从而最终求得 $\Delta=\frac{Pl^2}{48EJ}$。

这些结果都与《材料力学》中提到的结果相符合。

但是，实功原理有很大的局限性，即

(1) 不能用于多个载荷；

(2) 非作用点处位移不能求；

(3) 静定结构由于温度变化（无内力、有位移）、支座移动（无内力、无位移、$W_{内实}=0$）而产生的位移不能求。

为了克服实功原理的上述局限性，设法求得任何部位沿任意方向的位移，下面引入虚功的概念。

在结构中，力在不是由于自身而是由于其他原因引起的位移上做功称

为虚功。

那么，不是由于自身而是由于其他哪些原因呢？可以是其他力（针对多个载荷的情况），可以是支座反力，可以是温度变化。

这里所说的力包括外力和内力，因此也有 $W_{外虚}$ 和 $W_{内虚}$ 之分，下面分别推导它们的表达式。

设弹性体在载荷 P 作用下产生一定的变形 Δ，由于其他原因，弹性体产生了新的变形，在载荷 P 的作用点上沿其作用线又有了一个位移增量，称之为虚位移，又叫位移变分，记作 $\delta\Delta$，之所以称之为“虚位移”，是因为它不是由载荷 P 而产生的。既然 P 的作用点上沿其作用线有了一个位移增量，那么 P 在这个位移增量上也要做功，称之为外力虚功，记作 $W_{外虚}$。由于 P 在作外力虚功时其大小保持不变，所以 $W_{外虚}=P\delta\Delta$。这里没有系数 $\frac{1}{2}$，原因是 P 在作外力虚功时其为一个常量，而不是如作实功时那样由 0 增加到终值。相类似地，对于力偶矩，$W_{外虚}=M\delta\theta$。

下面通过一个例子了解虚功方程的建立以及利用虚功原理求位移的思路。

以横力弯曲为例（忽略剪力，因为当 $h/l=0.1$ 时，$\Delta Q/\Delta M=1\%$），利用功（实功）能（弹性变形能）原理可以建立下述方程：

$$\frac{1}{2}P\Delta=\int \mathrm{d}W=\int\frac{1}{2}M\mathrm{d}\theta \tag{1-1}$$

但不能用式(1-1)求非 P 作用点处的位移 Δ'，原因是式中不含有 Δ'，从式中可以看出，只有力作用处的位移才会出现在式子的左边，因此，要想让 Δ' 也出现在式(1-1)中，只有在 Δ' 处作用一个虚拟力 P'，这样，式子的两边都要发生变化。

按这样的顺序加载：先加载 P' 在待求的 Δ' 处，因而在 P' 作用下出现一个 Δ''（图 1-9），这时，利用功能原理可得出

$$\frac{1}{2}P'\Delta''=\int\frac{1}{2}M'\mathrm{d}\theta' \tag{1-2}$$

再在原 P 作用点处加上 P（图 1-10），显然，在 P 处会出现 Δ，而在 P' 处

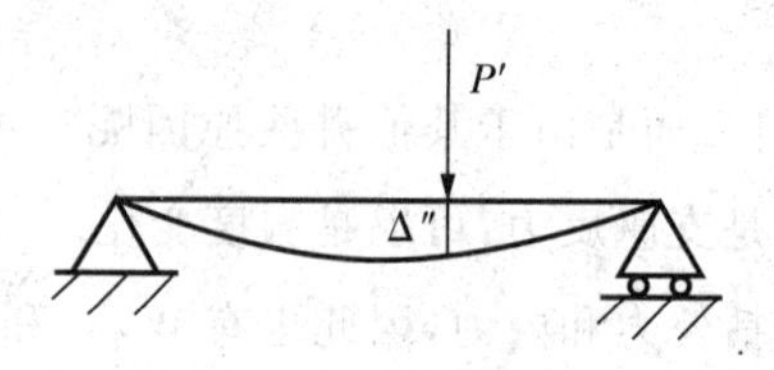

图 1-9　P' 加载

会出现待求的 Δ'，但由于结构上已有 P' 力存在，在加载过程中 P' 力也要作虚功 $P'\Delta'$，此时总的

$$W_{外}=\frac{1}{2}P\Delta+\frac{1}{2}P'\Delta''+P'\Delta'$$

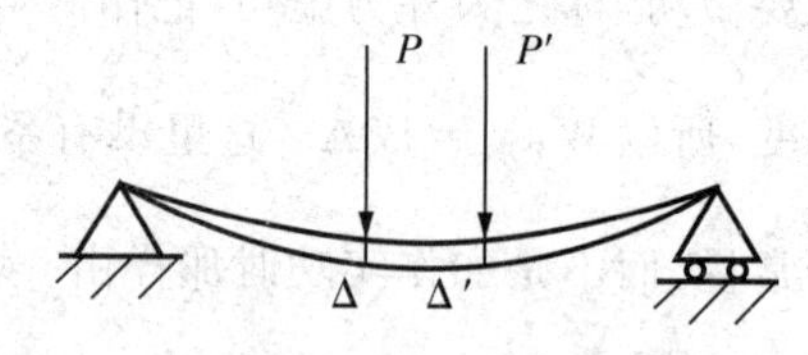

图 1-10　P 加载

而总的

$$W_{内}=\int\frac{1}{2}(M'+M)(\mathrm{d}\theta'+\mathrm{d}\theta)$$

$$=\int\frac{1}{2}M'\mathrm{d}\theta'+\int\frac{1}{2}M\mathrm{d}\theta+\int\frac{1}{2}M'\mathrm{d}\theta+\int\frac{1}{2}M\mathrm{d}\theta'$$

因为 M 与 $\mathrm{d}\theta$ 之间是线性关系，所以 $M'\mathrm{d}\theta=M\mathrm{d}\theta'$，上式等于

$$W_{内}=\int\frac{1}{2}M'\mathrm{d}\theta'+\int\frac{1}{2}M\mathrm{d}\theta+\int M'\mathrm{d}\theta$$

由 $W_{外}=W_{内}$ 可得

$$\frac{1}{2}P\Delta+\frac{1}{2}P'\Delta''+P'\Delta'=\int\frac{1}{2}M\mathrm{d}\theta+\int\frac{1}{2}M'\mathrm{d}\theta'+\int M'\mathrm{d}\theta \quad (1-3)$$

利用式(1-1)、式(1-2)可将式(1-3)简化为 $P'\Delta'=\int M'\mathrm{d}\theta$，也就是 $W_{外虚}=W_{内虚}$（虚功方程），得到的这个式子中包含待求的 Δ'，特别地，如果令 $P'=1$，则

$$\Delta' = \int M' \mathrm{d}\theta \tag{1-4}$$

通过对上述这个特定问题的求解，可得到一个计算结构任意部位、任意方向位移的方法——虚单位载荷法，其步骤如下：

(1) 按实际状态列出 N、M、Q 的表达式；

(2) 选取虚拟单位载荷，如求某点某方向的线位移，可取作用于该点、同方向的单位集中力；如求某截面转角，则可取该截面上的单位力偶矩；

(3) 列出单位集中力或单位力偶矩作用于结构时所产生的 $\overline{N}$、$\overline{M}$、$\overline{Q}$ 表达式；

(4) 通过类似式(1-4) 计算出待求的位移(Δ 或 θ)。

上例解决了非作用点处的位移计算问题，这是利用实功原理所不能解决的，下面介绍另外几种利用实功原理所不能解决的问题：

1. 结构上作用多载荷

如图1-11所示，为求 P_2 点处的挠度，按照上述步骤，列出 P_1、P_2 作用下的 M 表达式；取多载荷虚拟状态如图 1-12 所示；列出单位集中力作用下的 $\overline{M}$ 表达式；最后求得 $\Delta = \int_l \frac{M\overline{M}}{EJ} \mathrm{d}l$。

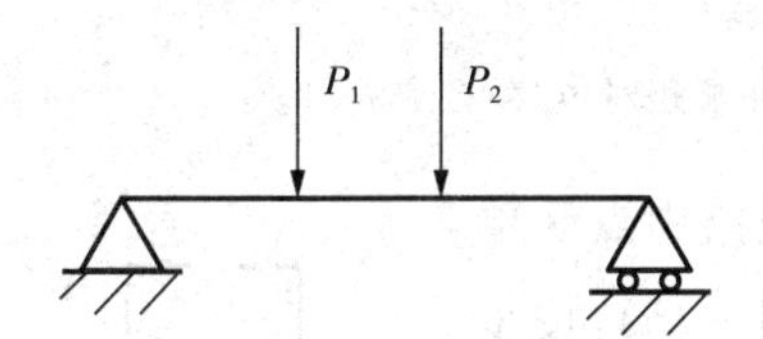

图1-11　结构上作用多载荷

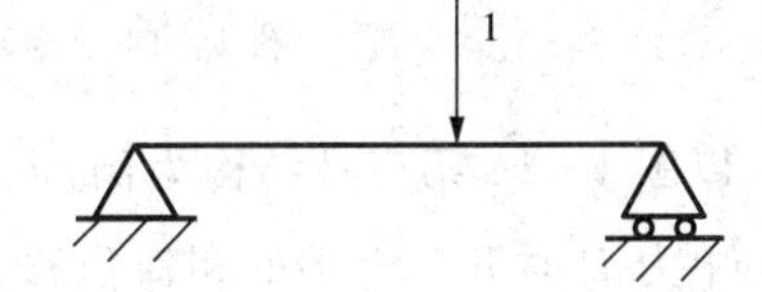

图1-12　多载荷虚拟状态

2. 静定结构支座移动造成的位移

如图 1-13 所示，为求由于刚架左支承移位造成水平杆左端的水平方向位移，按步骤操作如下：实际状态不受力，省略第一步骤；取单位集中力如图 1-13 所示；注意到由于支座位移，支座反力作虚功，计算由单位集中力引起的支座反力 R_{Ax}、R_{Ay}、R_{By}；注意到此时刚架本身无变形、无内力、$W_{内虚}=0$，而 $W_{外虚}=1 \cdot \Delta + R_{Ax} \cdot a - R_{Ay} \cdot b$，根据虚功方程 $W_{外虚}=W_{内虚}$，即 $1 \cdot \Delta + R_{Ax} \cdot a - R_{Ay} \cdot b = 0$ 求得 $\Delta = R_{Ay} \cdot b - R_{Ax} \cdot a$。

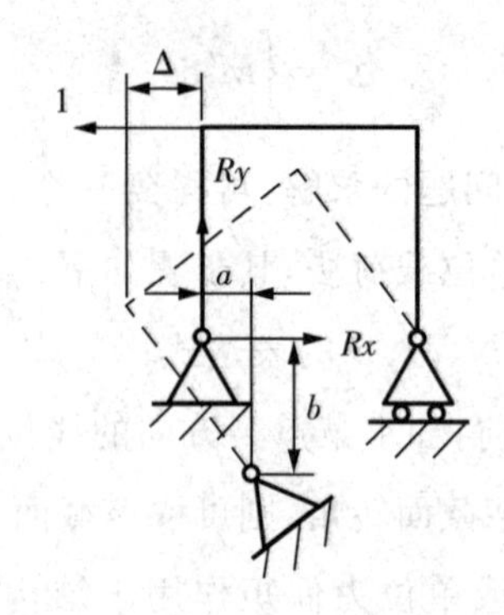

图 1－13　静定结构支座移动

3. 求相对位移

这时可加一对单位集中力或单位力偶矩，图 1－14 给出不同结构求不同相对位移时单位集中力或单位力偶矩的设定情况。

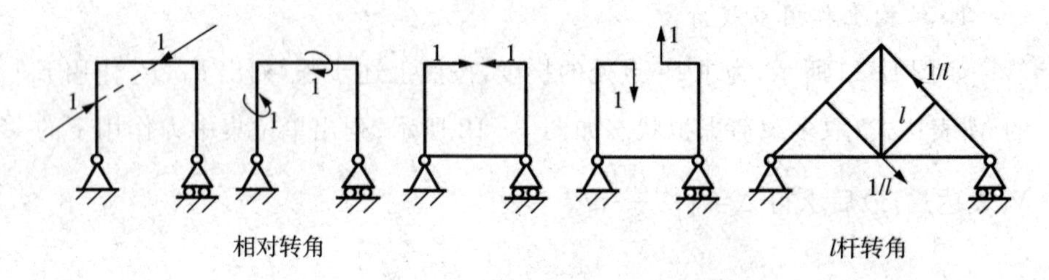

图 1－14　虚功原理求相对位移

以图 1－14 第三种结构为例，欲求横梁中点受单位集中力 P 时开口上端的相对位移(图 1－15)，按步骤操作如下：首先列出实际状态下由 P 产生的 M 表达式；然后设定图 1－15 所示虚拟状态，列出 $\overline{M}$ 表达式；最后求得 $\Delta=\sum\int_{l}\frac{M\overline{M}}{EJ}\mathrm{d}l$。

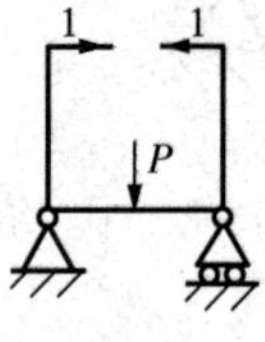

图 1－15　横梁中点受单位集中力 P 时开口上端的相对位移

还可计算出由温度变化而产生的位移，这里不再详述，可参阅相关教材或资料。

一般来说，为求结构中任意部位沿任意方向的位移 Δ，通过上述步骤可得：

$$1\cdot\Delta+\sum\overline{R}C=\sum\left[\int\overline{N}\mathrm{d}u+\int\overline{M}\mathrm{d}\theta+\int\overline{Q\gamma}\,\mathrm{d}s\right]$$

$$= \sum \left[\int \frac{N\overline{N}}{EA} \mathrm{d}l + \int \frac{M\overline{M}}{EJ} \mathrm{d}l + \int K \frac{Q\overline{Q}}{GA} \mathrm{d}l \right]$$

其中：$\overline{R}$ 为单位虚拟力在有位置移动的支座上造成的支座反力，C 为支座移动量（沿 $\overline{R}$ 方向），因此，本公式可适用于包括支座移动在内的多种情况。

从上述公式及公式推导的过程中可以看出，运用虚功原理求位移涉及两种状态：

一是虚拟状态，即在待求位移方向加上单位虚拟力时结构所处的状态；

二是实际状态，即结构在实际载荷作用下的状态。

上述公式的物理意义可解释如下：

虚拟状态的外力在实际状态的位移上所做的虚外功，等于虚拟状态的内力在实际状态的相应变形上所做的虚内功。

如果定义虚拟状态为第一状态，而实际状态为第二状态，则上述公式的物理意义可表述如下：

第一状态的外力在第二状态的位移上所做的虚外功，等于第一状态的内力在第二状态的相应变形上所做的虚内功。

下面给出与虚功原理有关的几个互等定理：

1. 功的互等定理

对于弹性结构，第一状态的外力在第二状态的位移上所作虚功，等于第二状态的外力在第一状态的位移上所作虚功。例如图 1－16：

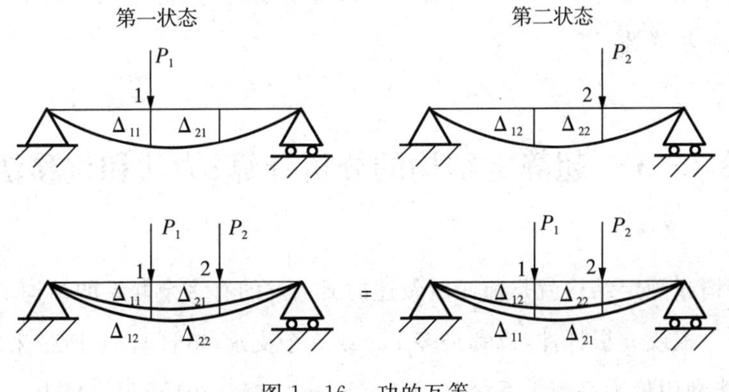

图 1－16　功的互等

$$\frac{1}{2}P_1\Delta_{11}+P_1\Delta_{12}+\frac{1}{2}P_2\Delta_{22}=\frac{1}{2}P_2\Delta_{22}+P_2\Delta_{21}+\frac{1}{2}P_1\Delta_{11}$$

解得 $P_1\Delta_{12}=P_2\Delta_{21}$。

2. 位移互等定理

第一个单位力的作用点在沿力的方向上、由第二个单位力所引起的位移，等于第二个单位力的作用点在沿力的方向上、由第一个单位力所引起的位移。

令上式中 $P_1=P_2$，就可得到此结论。

3. 反力互等定理（有关支座位移）

支座2处由于支座1的单位位移所引起的反力 R_{21}，等于支座1处由于支座2的单位位移所引起的反力 R_{12}。例如图 1－17：

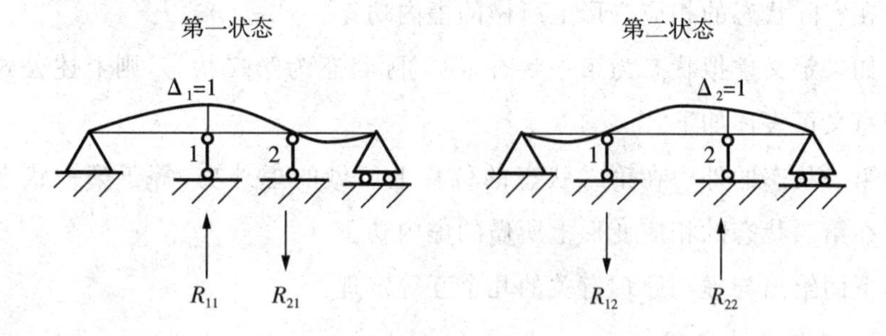

图 1－17　反力互等

因为 $R_{11}\times 0-R_{21}\times 1=-R_{12}\times 1+R_{21}\times 0$，所以 $R_{12}=R_{21}$。

虚功原理是力学中一个应用很广的重要定理，在后续的弹性力学部分还要进一步详述。

§1－3　超静定结构的分析计算：力法和位移法

所谓超静定结构就是前面所叙述的 $F<0$ 的有多余联系的结构，它们或者是多一根或 n 根杆件，或者是多 1 个或 n 个支承（链杆）。它所带来的问题是，不能利用静力平衡关系（$\Sigma F_x=0, \Sigma F_y=0, \Sigma M=0$）求得全部内力和支座反力。

例如:图 1－18 不能求出全部支座反力,称为外部超静定。

图 1－19 虽能求出全部支座反力,但不能求出全部内力,称为内部超静定;当然还会有内外部均为超静定的结构。

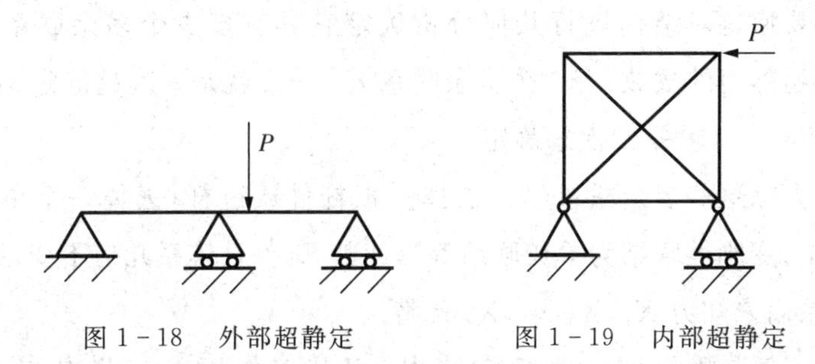

图 1－18　外部超静定　　　　图 1－19　内部超静定

值得指出的是,超静定结构虽然对于保证结构的几何不变性来说具有多余的联系,但对于提高刚度来说,这种联系非但不是多余的,甚至还是必要的。

例如:常常在车床主轴中间增加一浮动支承,没有它,机床精度就会荡然无存。

又如:车床卡盘夹工件可简化为悬臂梁,但车细长的工件常常要用尾顶尖,实际上构成一个超静定结构(图 1－20)。但计算表明:此时的最大挠度只是未加尾顶尖的 1/33,可见增加这一“多余”支承对保证加工精度的重要意义。

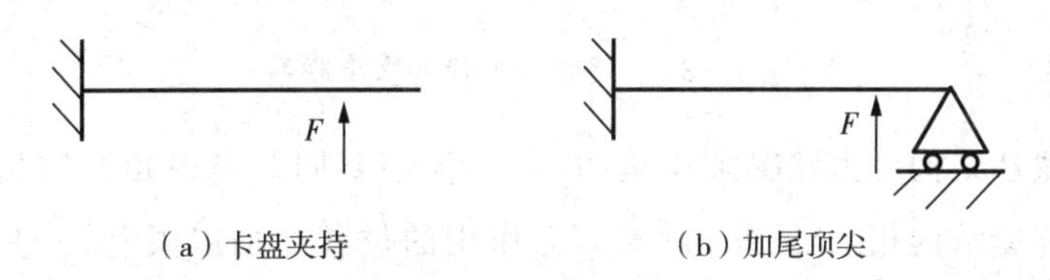

(a) 卡盘夹持　　　　(b) 加尾顶尖

图 1－20　超静定结构

再如:所有桁架结构的桥梁,无论是长江大桥还是上海外滩的外白渡桥,如果画出它们的结构简图,就会发现都是超静定结构。

因此,超静定结构常用于工程中,必须掌握其分析计算方法。这些方法可分为两类:力法和位移法。

1. 力法

力法的解题思路是这样的:之所以不能利用静力平衡关系求出超静定结构的全部支座反力和内力,是因为能列出的静力平衡方程数少于待求的内力和支座反力数。要解决这一问题就要补充方程，当静力平衡方程加上补充方程，总数恰好等于待求的内力和支座反力数时，问题就解决了。关键是如何建立补充方程。

首先，要通过对结构进行几何分析确定它具有多少个多余联系，或者说，确定其超静定的次数：有一个多余联系 $F=-1$ 就是一次超静定，有两个多余联系 $F=-2$ 就是二次超静定。

然后，去除这些多余联系（如：去掉一根杆件或链杆；去掉一个单铰；切断刚性联结；变刚性联结为单铰联结等），使其 $F=0$ 且体系几何不变，并且将去除的联系用未知力 $X_1, X_2, \cdots, X_n$ 代替。

通过上述步骤得到一个静定结构，但其上作用着一些未知力 X_1，$X_2, \cdots, X_n$，称之为相当系统。

下面的步骤分两步：

第一步：求出这些未知力 $X_1, X_2, \cdots, X_n$，解决的方法是建立补充方程，用未知力代替多余联系，如图 1-21 所示。

第二步：在未知力 $X_1, X_2, \cdots, X_n$ 成为已知力后，整个相当系统已成为静定问题，用已知的方法求出内力和位移就不详述。

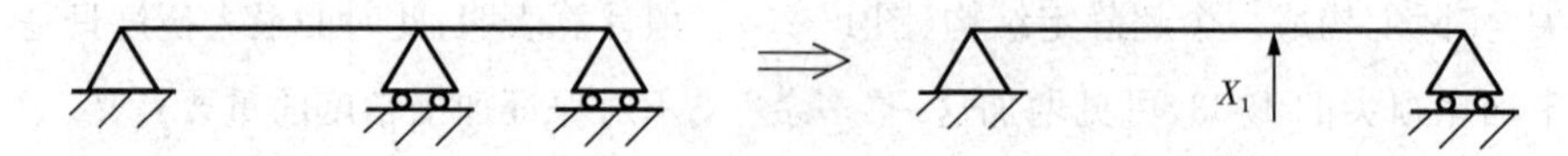

图 1-21　用未知力代替多余联系

虽然从结构受力状况来说是相当的，但还要同时考虑相当结构的变形状况应与原结构相当，因此，对未知力作用的位移要加以限制，使其与原结构相当，这就是变形谐调条件（例如在图 1-21 中应使 X_1 作用处垂直方向挠度为 0），据此可列出变形谐调方程。

如何建立变形谐调方程？对于未知力 X_j，原结构在其作用处沿其作用线方向的位移应当为 Δ_j，这一位移可视为已知外载荷和各未知力分别作用产生的位移在这一点、这一方向上的迭加。

令已知外载荷在这一点、这一方向上产生的位移为 Δ_{iP}，每一个未知力在这一点、这一方向上产生的位移为 $\delta_{ij}X_j$，其中 δ_{ij} 为每一单位未知力在这一点、这一方向上产生的位移[量纲为（长度 / 力）]，也称柔度系数，则

$$\sum_{j=1}^{n}\delta_{ij}X_j+\Delta_{iP}=\Delta_i$$

其中，δ_{ij} 和 Δ_{iP} 都可以利用虚功原理求出来，而 Δ_i 是已知的，所以上式是一个以 X_j 为未知参量的线性方程，这就是变形谐调方程，它反映的是位移关系，所以又称位移方程。

对 n 个未知力作同样处理，则得到 n 个线性的变形谐调方程组成的方程组，写成矩阵形式为

$$\begin{bmatrix}\delta_{11} & \delta_{12} & \cdots & \delta_{1n}\\ \delta_{21} & \delta_{22} & \cdots & \delta_{2n}\\ \vdots & \vdots & & \vdots\\ \delta_{n1} & \delta_{n2} & \cdots & \delta_{nn}\end{bmatrix}\cdot\begin{bmatrix}X_1\\ X_2\\ \vdots\\ X_n\end{bmatrix}=\begin{bmatrix}\Delta_1-\Delta_{1P}\\ \Delta_2-\Delta_{2P}\\ \vdots\\ \Delta_n-\Delta_{nP}\end{bmatrix}$$

由柔度系数组成的系数矩阵称为柔度矩阵，它的特点如下：

(1) 主对角线元素均为正数，因为它表示第 i 个单位未知力在其本身作用线方向上产生的位移；

(2) 由位移互等定理，$\delta_{ij}=\delta_{ji}$，因此，柔度矩阵是对称阵。

只要列出上述方程组，即使 n 再大，也能用计算机方便地解出 X_1，X_2，…，X_n，从而为用力法求解超静定问题扫清障碍。

值得一提的是，对于同一个原结构，常常可以构造出不同的相当结构，因而也就可能列出不同的变形谐调方程，如前面的示例（图 1-21）可构成图 1-22 所示的多种相当结构：

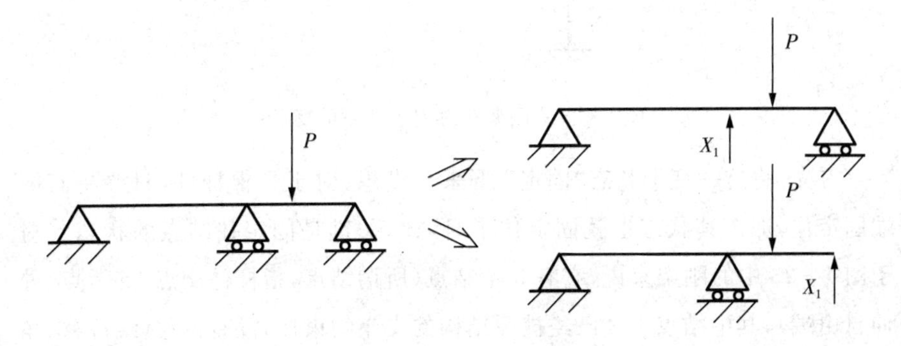

图 1-22　用多种未知力相当结构代替多余联系

总之，力法是从整个结构入手，通过解除多余联系，化超静定问题为静定问题求解。

2. 位移法

位移法是超静定结构的又一种分析计算方法。

对于结构分析来说，其任务无非是求出结构的内力和变形（位移），而内力和变形（位移）这两组参数并不是相互独立的，它们之间存在着确定的关系。也就是说，知道了内力就可以求出相应的变形（位移），而知道了变形（位移）也可以求出相应的内力。这就给求解提供了两种可能：一种是先求内力再求变形（位移），也就是说，以变形（位移）作为基本未知量；另一种是先求变形（位移）再求内力，也就是以内力作为基本未知量。

上面介绍的方法是以结构内力作为基本未知量的，然后通过变形谐调方程，从位移的角度加以综合协调。这里介绍的位移法是以结构位移作为基本未知量，然后通过建立力的平衡方程，从结构受力的角度加以综合协调。

其具体思路如下（以图 1－23 刚架为例）：

在力 P 作用下，刚架发生（变形）位移如图 1－23 所示。

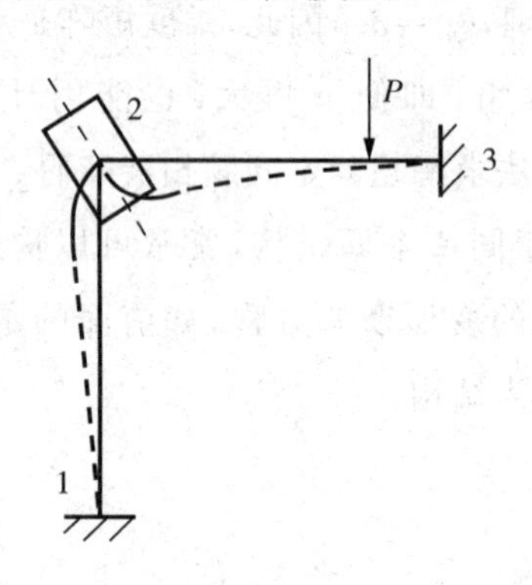

图 1－23　刚架在力 P 作用下的变形

首先，将这一变形状态“固定”下来。设想：对于一根杆件，只要将其两端固定住，那么其状态也就固定住了，因此，关键是固定住结点的状态。对于图 1－23 中的刚架来说，它有 3 个结点（所谓结点，指杆件交点、支承点、外伸自由端），其中结点 1、3 已经被原结构的支座约束住，没有位移（线位移、角位移），只有结点 2 有角位移，因此，增加一个附加约束，将结点 2 的角位移固定住（如图 1－23 所示，这种限制角位移的附加约束称为附加刚臂）。

然后,假想将附加约束从图 1-23 中虚线处剖开,整个结构被分成两根单跨超静定梁(图 1-24)。

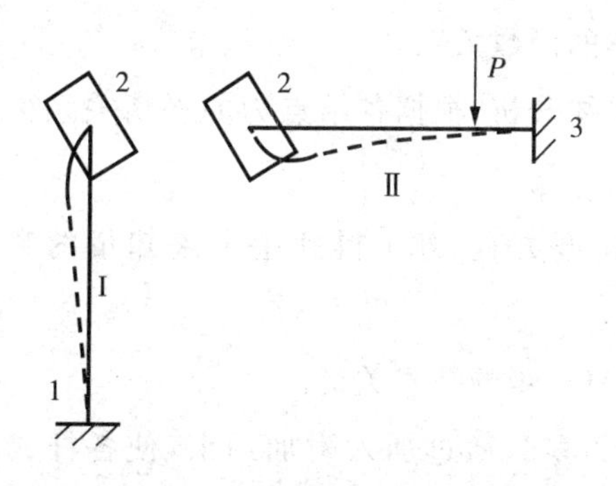

图 1-24　将刚架分成两根单跨超静定梁

这种“化整为零”的方法由于“固定”了原结构的(变形)位移,从而可以一根一根加以分析:

对于 Ⅰ 杆,可视为由于支座 2 发生位移(转动)而产生了变形;对于 Ⅱ 杆,则可视为由于外力 P 和支座 2 发生位移(转动)而产生了变形(注意:对于超静定结构,支座位移既产生内力又产生变形)。这时各杆上的变形与原结构的变形是相同的,但是,在结构发生变形的情况下,整个结构一直处于力系平衡的状态,分开后的结构也处于力系平衡的状态,于是在附加约束处就应存在支反力(支反力矩)—— 对于线位移产生支反力,对于角位移产生支反力矩,后面将它们分别称为固端剪力和固端弯矩,目的是与原结构的支反力(矩)相区别。固端剪力和固端弯矩可以通过每一杆件的受力和变形情况计算出来。也就是说,固端剪力 R 和固端弯矩 M 都是外载荷 P 和结点位移 θ 的函数(其中 P 是已知的,而 θ 正是待求的),可以用力法建立 R、M 与 P、θ 的函数关系。

实际上对于附加约束来说,原本没有附加刚臂,也不存在作用其上面的固端剪力和固端弯矩,因此,各杆汇交处的固端剪力和固端弯矩之和应为 0,通过这一力平衡关系就可以求出各结点处的位移,然后根据位移求出各杆内力。

位移法的具体分析计算步骤如下:

第一步:通过加入附加约束,限制原结构可动结点的位移,把每一根杆件变成单跨超静定梁，构成求解的基本结构；

第二步：建立每单根杆件的刚度方程，即建立各杆固端剪力和固端弯矩与外载荷、结点位移的函数关系；

第三步：进行整体分析，根据各结点力的平衡关系得出位移法典型方程（组）；

第四步：求解典型方程（组）得到基本未知量的数值，进而求出全部内力。

下面具体讲述每一步的技术关键。

第一步，"化整为零"，通过加入附加约束，使各杆成为单跨超静定梁。需要弄清楚的是，对一个具体结构来说，需加入多少附加约束，加入什么样的附加约束，具体加在什么部位。

加入附加约束的目的是限制可动结点的位移，因此，附加约束应加在原结构的可动结点处。

结点的位移无非有两种：一是线位移，二是角位移。因此，附加约束也有两种：

第一种是附加刚臂（图 1-25），用来限制结点角位移；

第二种是附加链杆（图 1-26），用来限制结点线位移。

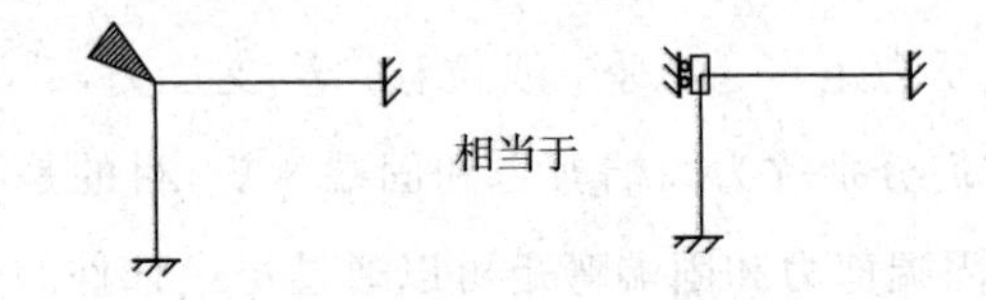

图 1-25　附加刚臂

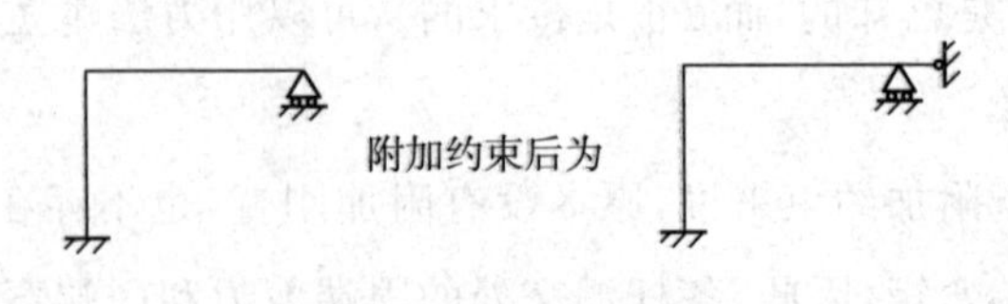

图 1-26　附加链杆

剩下的问题是如何运用这两种附加约束，以及加到什么程度才算限制了可动结点的位移。

对于附加刚臂，凡是原结构的刚结点，都要加上附加刚臂，如图 1-27

所示。

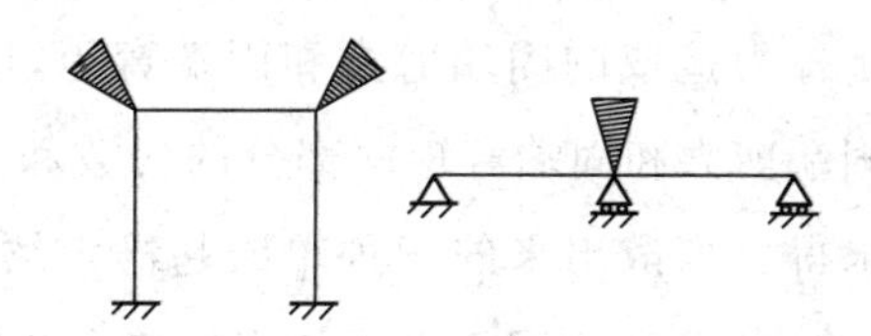

图 1-27　在原结构的刚结点加上附加刚臂

对于附加链杆，将所有刚结点和固定支座都换成铰进行几何结构分析，增加附加链杆直至其 $F=0$(图 1-28)。

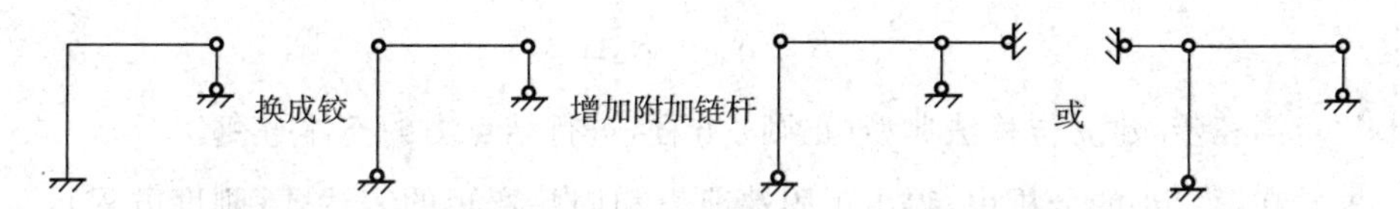

图 1-28　将所有刚结点和固定支座都换成铰并增加附加链杆

增加附加约束后的结构称为基本结构，所增加的附加约束数(附加刚臂＋附加链杆)就是后面介绍的位移法典型方程中的变量数，因此，这一步要解决的实质问题是确定基本未知量的个数和其物理意义。

第二步，建立各杆的刚度方程，即建立固端剪力和固端弯矩与外载荷、结点位移的函数关系。

增加了附加约束后，原结构被“化整为零”为一根根单跨超静定梁，这些单跨超静定梁包括以下三种：

第一种是两端固定梁[图 1-29(a)]；

第二种是一端固定一端铰支梁[图 1-29(b)]；

第三种是一端固定一端滑动支承梁[图 1-29(c)]。

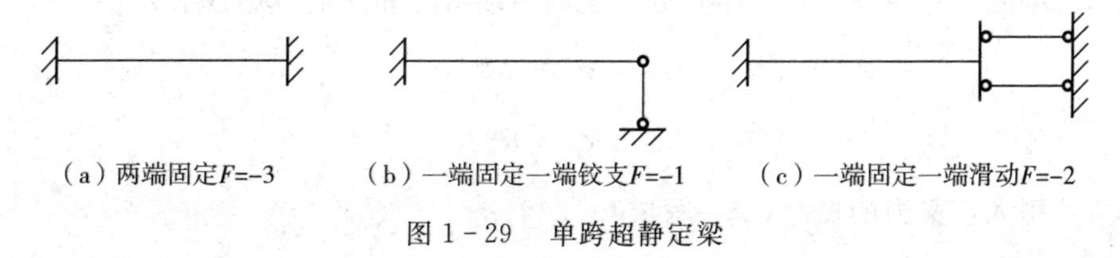

图 1-29　单跨超静定梁

显然它们都是超静定结构。

前面提到，建立单根杆件的刚度方程也就是建立固端剪力和固端弯矩与外载荷、结点位移的函数关系。各杆变形可视为外力 P 和附加约束、支座位移共同造成的，因此可视为二者的迭加，那么，固端剪力和固端弯矩的产生也可以看成是由于外力造成的固端剪力和固端弯矩，以及由于附加约束处的位移而造成的固端剪力和固端弯矩两部分的代数和。无论是前者还是后者都可以用力法求得。离散出来的三种单跨超静定梁，在各种受力情况和各种附加约束处(单位)位移情况下形成的固端剪力和固端弯矩的表达式已被推导出来、列成表格，可直接使用。因此，只需将具体受力和附加约束处位移迭加就可以轻松得到刚度方程：

$$M = M_P + M_\theta \theta$$

$$R = R_P + R_\Delta \Delta$$

第三步，建立位移法典型(正则)方程，进行结点力的整体平衡。

在第二步的分析中，得出了固端剪力和固端弯矩的表达式(刚度方程)，现在重新把它们组合成一个整体。各杆是通过加上附加约束的结点联结起来的，因此，所谓重新组合成一个整体，关键是在各杆的附加约束结点上做文章——第二步针对一根根杆件即一根根单跨超静定梁下功夫，第三步则要针对一个个加上附加约束的结点下功夫。

前面提到，加了附加约束的结点不是支座，也没有什么固端剪力和固端弯矩，因此，不仅要使基本结构的位移与原结构等同，而且受力状态也要与原结构等同，所以对于每一个结点：

$\sum$ 附加刚臂上的固端弯矩 $=0$

$\sum$ 附加链杆上的固端剪力 $=0$

对于第 i 个加上附加约束的结点(考虑一般的情况，不妨设所有杆件都与其联结)，每一杆件在该结点处产生的固端剪力和固端弯矩分别为

$$M_{ij} = M_{ij}^P + M_{ij}^\theta \theta_i$$

$$R_{ij} = R_{ij}^P + R_{ij}^\Delta \Delta_i$$

引入广义力的概念，统一写成

$$R_{ij} = R_{ij}^P + r_{ij} X_i$$

这里的 i 不是表示第 i 个结点，而是表示附加约束所限制的第 i 个自由度。

对第 i 个自由度，有

$$R_i=\sum R_{ij}=\sum R_{ij}^P+\sum r_{ij}X_i=R_i^P+\sum r_{ij}X_i=0$$

附加约束共限制了 n 个自由度，则有 n 个上述方程，而设定的基本未知量恰恰是这 n 个自由度上的位移，因此有

$$r_{11}X_1+r_{12}X_2+\cdots+r_{1n}X_n+R_1^P=0$$

$$r_{21}X_1+r_{22}X_2+\cdots+r_{2n}X_n+R_2^P=0$$

$$\cdots$$

$$r_{n1}X_1+r_{n2}X_2+\cdots+r_{nn}X_n+R_n^P=0$$

写成矩阵形式：

$$\begin{bmatrix} r_{11} & r_{12} & \cdots & r_{1n} \\ r_{21} & r_{22} & \cdots & r_{2n} \\ \vdots & \vdots & & \vdots \\ r_{n1} & r_{n2} & \cdots & r_{nn} \end{bmatrix}\cdot\begin{bmatrix} X_1 \\ X_2 \\ \vdots \\ X_n \end{bmatrix}=\begin{bmatrix} -R_1^p \\ -R_2^p \\ \vdots \\ -R_n^p \end{bmatrix}$$

由于上述每一个方程是力的平衡方程，$\sum$ 中每项的量纲是力的量纲，而 X_i 是位移，因此 r_{ij} 的量纲是[力 / 位移]或[力矩 / 转角]，其物理意义是刚度，因此 r_{ij} 称为刚度系数，它们组成的系数矩阵称为刚度矩阵，位移法又叫刚度法或平衡法。

刚度矩阵的特点如下：

(1) 主对角线各系数恒正，它表示在第 i 个结点自由度上产生单位位移时引起的反力；

(2) 由反力互等定理 $r_{ij}=r_{ji}$ 得到刚度矩阵是对称阵；

(3) 由于并非每个结点自由度都与所有杆件有联系，所以刚度矩阵中有大量零元素；

(4) 可以证明:刚度矩阵为非奇异阵，因此，位移法典型(正则)方程有唯一的解。

至于下一步如何解典型方程、如何根据算出的位移求出各杆内力，就不再详述。

根据位移法的解题过程可以得出以下结论：

(1) 位移法的解题思路是化整为零→单元分析→整体平衡。这一思路恰恰涉及后面要提到的有限元的思想，事实上，有限元中的杆元、梁元就是从结构力学位移法而来的。

(2) 位移法是把结构划分为一根根单跨超静定梁，这种单跨超静定梁的类型就几种，其固端剪力和固端弯矩又可以通过列表备查，因此整个处理过程十分程式化，便于利用计算机求解。

(3) 位移法不仅可以用来求解超静定问题，也可以用来求解静定问题，使用位移法可以把一根根杆件约束成单跨超静定梁，所以其应用更加广泛。

思考与练习

1. 什么是结构？什么是机构？

2. 结构几何构造分析：

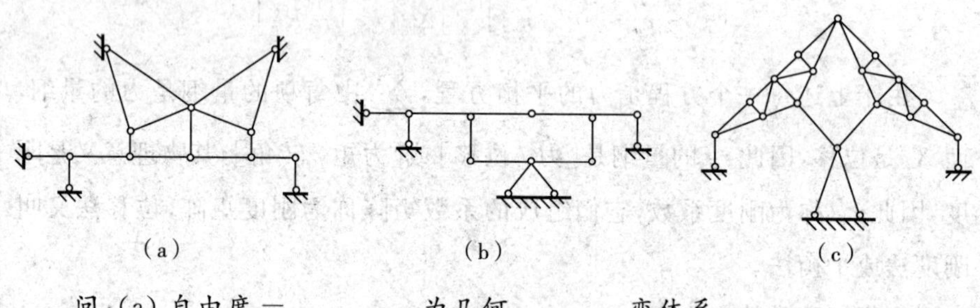

(a)　　(b)　　(c)

问：(a) 自由度＝________，为几何________变体系；

(b) 自由度＝________，为几何________变体系；

(c) 自由度＝________，为几何________变体系。

第 2 章　弹性力学基础

§2-1　弹性力学中的基本量

学习这门课程的主要目的是掌握有限元法，对于弹性力学主要是了解其基础知识，为此，本章只叙述弹性力学的平面问题，并且只是在直角坐标系中对其进行研究，以达到了解弹性力学的基本理论、基本研究方法的目的。对于弹性力学的空间问题，以及在极坐标中求解弹性力学的问题，可以在掌握直角坐标系下的平面问题解法后，通过自学加以掌握。

从弹性力学的内容可以看出，弹性力学问题涉及外力、应力、应变和与应变有关的位移等概念。

首先看外力，弹性力学研究的外力有两种：一种是体力，又叫体积力，它是分布在物理体积内的力，例如重力和惯性力，它的因次是[力]/[长度]^3，如果力的单位为 N，长度单位为 m，则体力的单位为 N/m^3，体力在坐标轴上的投影用 x、y 表示。另一种是面力，又叫表面力，它是分布在物体表面上的力，如接触力、压力，它的因次是[力]/[长度]^2，如果力的单位为 N，长度单位为 m，则面力的单位为 N/m^2，面力在坐标轴上的投影用 $\overline{x}$、$\overline{y}$ 表示。

物体受到外力时，其内部将产生内力，即物体本身不同部分之间相互作用的力(图 2-1)。

定义内力的平均集度当 $\Delta A \rightarrow 0$ 时的极限为 P 点的应力，即

$$\lim_{\Delta A 0} \frac{\Delta Q}{\Delta A} = S$$

可见应力的因次是[力]/[长度]^2。

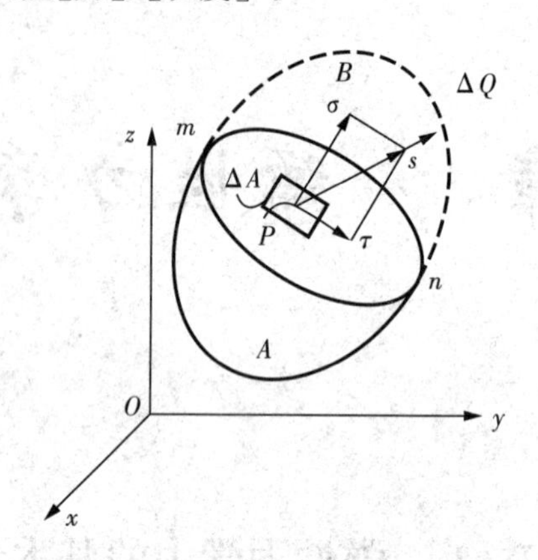

图 2-1　物体受到外力时其内部产生内力

对于应力 S,通常不用它沿坐标轴方向的分量而是用它沿其作用截面法线方向的分量 σ(正应力)和沿其作用截面切线方向的分量 τ(剪应力)表示,因为正应力和剪应力与物体的形变和强度直接相关——广义虎克定律,而应力沿坐标轴方向的分量与物体的形变和强度没有直接关系。

物体内同一点 P,其在不同截面上的应力是不同的,这是因为应力与截面面积有关,如图 2-2 所示:

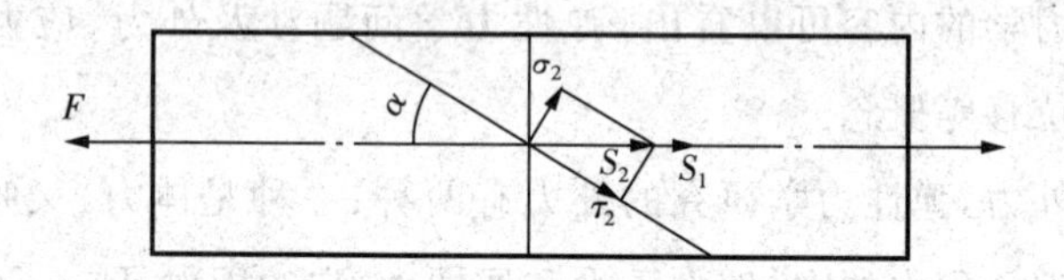

图 2-2　物体内同一点 P 在不同截面上的应力不同

设拉伸直杆中有一点 P,杆横截面为 A,过 P 点作两个截面:一个与杆的轴线垂直,另一个与杆的轴线成角 α。

第一个截面上的内力为 F,应力为 $F/A=S_1=\sigma_1,\tau_1=0$;

第二个截面上的内力仍为 F,应力却为 $S_2=\dfrac{F}{A}\sin\alpha$,因为此时的作用截面面积为 $A/\cos\alpha$,而 $\sigma_2=S_2\sin\alpha=\dfrac{F}{A}\sin^2\alpha,\tau_2=S_2\cos\alpha=\dfrac{F}{A}\sin\alpha\cos\alpha=\dfrac{1}{2}\dfrac{F}{A}\sin2\alpha$。

还可以看到，在过 P 点平行于轴线的截面上，$S=0$，$\sigma=0$，$\tau=0$，即该截面没有应力。

为了研究物体内部的应力，常常在研究物体内某一点的应力、应变时用一个所谓微元体（边长极小的正平行六面体）来表示这个点（图 2-3），并使微元体的边长分别平行于 x、y 轴。规定：微元体上表面法线方向与坐标轴方向相同的为正面，相反的为负面；

正面正应力方向与坐标轴方向相同为正，负面正应力方向与坐标轴方向相反为正；

正面剪应力方向与坐标轴方向相同为正，负面剪应力方向与坐标轴方向相反为正；

即应力方向规定为正面正向为正，负面负向为正。

正应力脚标表示其作用方向平行于哪一坐标轴（也表示其作用截面垂直于哪一坐标轴）；

剪应力第一脚标表示其垂直于哪一坐标轴，第二脚标表示其平行于哪一坐标轴，剪应力服从剪应力互等定律。

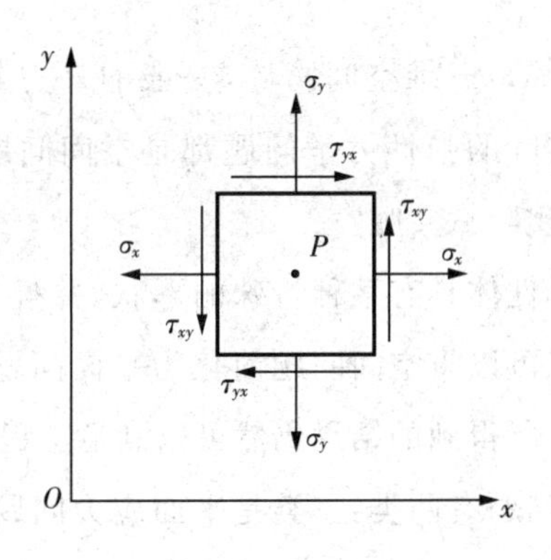

图 2-3　微元体

注意：在弹性力学中，规定正应力的正负方向与材料力学中的正应力的正负方向相同，而剪应力的正负方向与材料力学中的剪应力的正负方向不同。

弹性体的形变包括长度的变化和角度的变化两种：

定义各线段单位长度的伸缩为正应变 ε：伸长为正，缩短为负；

各线段之间直角的改变为剪应变 γ：直角变小为正，变大为负；

脚标的规定与应力相对应，应变为无量纲的数。

物体内任一点的位移用它在坐标轴 x、y 上的投影 u、υ 表示，投影与坐标轴方向相同为正，相反为负，其因次为[长度]。

综上所述，弹性力学平面问题所涉及的量见表 2-1。

表 2-1 弹性力学平面问题涉及的量

力	应力	应变	位移
x、y	σ_x	ε_x	u
$\overline{x}$、$\overline{y}$	σ_y	ε_y	υ
	$\tau_{xy}=\tau_{yx}$	$\gamma_{xy}=\gamma_{yx}$	

§2-2 平面应力问题与平面应变问题

任何一个弹性体都是三维空间物体，一般的外力都是空间力系，因此，严格说来，任何一个实际的弹性力学问题都是空间问题，那么，研究弹性力学的平面问题有什么实际意义呢？

实际上，有不少弹性体具有某种特殊的形状，并且其承受的外力具有特殊的分布特征，这时就可以将空间问题简化为平面问题，这种简化固然存在着一定程度的近似，但所得到的结果仍然可以满足工程对精度的要求。

本文涉及的平面问题有两类：一类是平面应力问题，另一类是平面应变问题。

平面应力问题的特点如下：

某一方向（z 方向）的尺寸远小于另外两个方向的尺寸；

在 z 方向不受外力，且所受 x、y 方向的外力沿 z 方向均匀分布（或至少对称于其中间面）。

一个典型的实例是等厚度薄板只在板边上承受平行于板面且不沿厚度变化的外力。

由于 z 方向不受外力，所以板面上$(z=\pm h/2)$

$$\sigma_z=0 \quad \tau_{zx}=0 \quad \tau_{zy}=0$$

由于板很薄，且 z 方向不受外力，因此 z 方向的形变是自由的，可以近似认为各层之间不产生相互牵制，因此各平行于板面的截面上

$$\sigma_z\approx 0 \quad \tau_{zx}\approx 0 \quad \tau_{zy}\approx 0$$

由于外力不沿厚度变化，板又很薄，剩下的三个应力分量 σ_x、σ_y、τ_{xy} 也可以看成沿厚度无变化，即只是 x、y 的函数。

因此，平面应力问题只有 $x-y$ 平面上的应力分量 σ_x、σ_y、τ_{xy} 不为0，且只是 x、y 的函数，这时可用平行于板面的一个截面代替整个板进行研究，但是要注意：此时 z 方向应力为 0 但 $\varepsilon_z\neq 0$。

平面应变问题的特点如下：

某一方向(z 方向)的尺寸远大于另外两个方向的尺寸，且与 z 轴垂直的各截面形状相同；

在 z 方向不受外力，且所受 x、y 方向的外力沿 z 方向无变化，所受的约束条件沿 z 方向也无变化。

一个典型的实例是圆柱形长辊轴受垂直于轴线的均匀压力。

由于 z 方向尺寸远大于另外两个方向的尺寸，所以可以认为物体沿 z 方向为无限长，任一截面都可以看成是对称面，而对称面上不会产生沿 z 方向的位移、不会翘曲，沿 x、y 方向的位移也与 z 无关，因此

$$\varepsilon_z=0 \quad \gamma_{zx}=0 \quad \gamma_{yz}=0$$

剩下的三个应变分量 ε_x、ε_y、γ_{xy} 只是 x、y 的函数，这时可用一个截面代替整个物体进行研究，但是要注意：此时 z 方向应变为 0 但 $\sigma_z\neq 0$。

平面应力和平面应变问题的物理方程表达式是不同的。

§2-3　弹性力学平面问题的基本方程与边界条件(set 1)

1. 平衡微分方程

微元体在内力作用下平衡微分方程的推导如图 2-4 所示：因为变形前

后系统都是静力平衡的，所以，令微元体 x 方向所有力的合力为 0，得到式(2-1)；令微元体 y 方向所有力的合力为 0，得到式(2-2)。

$$\frac{\partial \sigma_x}{\partial x}+\frac{\partial \tau_{yx}}{\partial y}+X=0 \tag{2-1}$$

$$\frac{\partial \sigma_y}{\partial y}+\frac{\partial \tau_{xy}}{\partial x}+Y=0 \tag{2-2}$$

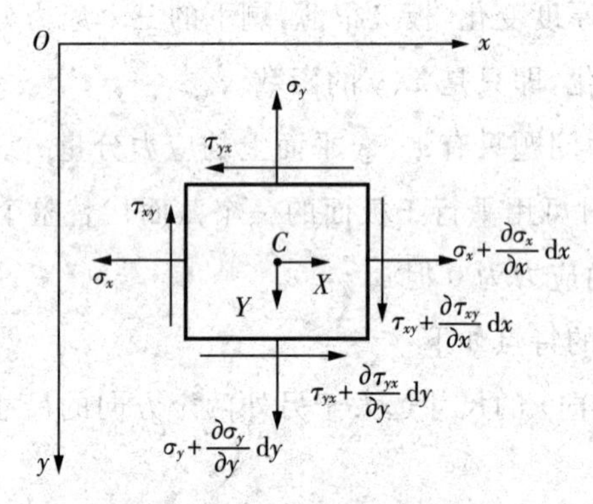

图 2-4　微元体在内力作用下平衡微分方程的推导

2. 几何方程

$$\varepsilon_x=\frac{\partial u}{\partial x} \tag{2-3}$$

$$\varepsilon_y=\frac{\partial \nu}{\partial y} \tag{2-4}$$

$$\gamma_{xy}=\frac{\partial \nu}{\partial x}+\frac{\partial u}{\partial y} \tag{2-5}$$

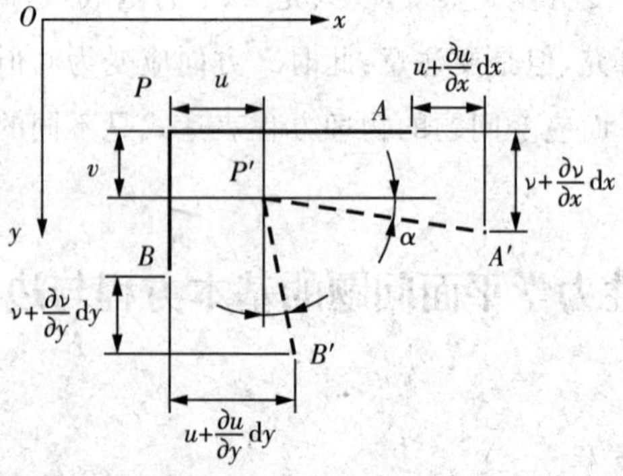

图 2-5　微元体在内力作用下几何方程的推导

微元体在内力作用下几何方程的推导如图 2－5 所示：过弹性体内 P 点沿 x、y 方向分别取微线段 $PA=\mathrm{d}x$、$PB=\mathrm{d}y$，受力变形后 P、A、B 三点分别移动到 P'、A'、B'；$\angle APB$ 从直角变为小于 90° 的 $\angle A'P'B'$。

P 点在 x 方向的位移为 u，而 A 点的位移则为 $u+\dfrac{\partial u}{\partial x}\mathrm{d}x$，因此 PA 的正应变

$$\varepsilon_x=\frac{u+\dfrac{\partial u}{\partial x}\mathrm{d}x-u}{\mathrm{d}x}=\frac{u}{x}$$ 证得式(2－3)，同理证得式(2－4)。

A、P、B 三点夹角的变化量(直角变小为正)为 $\alpha+\beta$。其中

$$\alpha\approx\tan\alpha=\frac{\nu+\dfrac{\partial\nu}{\partial x}\mathrm{d}x-\nu}{\mathrm{d}x}\approx\frac{\partial\nu}{\partial x}$$(略去高阶微量)，同理 $\beta\approx\dfrac{\partial u}{\partial y}$，因此

$$\gamma_{xy}=\alpha+\beta=\frac{\partial\nu}{\partial x}+\frac{\partial u}{\partial y}$$ 证得式(2－5)。

3. 物理方程

前文提到，平面应力和平面应变问题的物理方程表达式是不同的。

在材料力学中，已导出弹性体的虎克定律：

$$\varepsilon_x=\frac{1}{E}[\sigma_x-\mu(\sigma_y+\sigma_z)] \tag{2-6}$$

$$\varepsilon_y=\frac{1}{E}[\sigma_y-\mu(\sigma_z+\sigma_x)] \tag{2-7}$$

$$\varepsilon_z=\frac{1}{E}[\sigma_z-\mu(\sigma_x+\sigma_y)] \tag{2-8}$$

$$\gamma_{xy}=\frac{1}{G}\tau_{xy} \tag{2-9}$$

$$\gamma_{yz}=\frac{1}{G}\tau_{yz} \tag{2-10}$$

$$\gamma_{zx}=\frac{1}{G}\tau_{zx} \tag{2-11}$$

其中：

$$G=\frac{E}{2(1+\mu)} \tag{2-12}$$

因为在平面应力问题中 $\sigma_z=0$、$\tau_{zx}=0$、$\tau_{zy}=0$，将式(2-6)、式(2-7)式中 σ_z 的删去，将式(2-12)代入式(2-9)，就得到平面应力问题的物理方程：

$$\varepsilon_x=\frac{1}{E}[\sigma_x-\mu\sigma_y]$$

$$\varepsilon_y=\frac{1}{E}[\sigma_y-\mu\sigma_x]$$

$$\gamma_{xy}=\frac{2(1+\mu)}{E}\tau_{xy}$$

另外，删去式(2-8)中的 σ_z，得到 z 方向的应变 $\varepsilon_z=-\frac{\mu}{E}(\sigma_x+\sigma_y)$。

同理，因为在平面应变问题中 $\varepsilon_z=0$、$\gamma_{zx}=0$、$\gamma_{yz}=0$，所以，平面应变问题的物理方程是

$$\varepsilon_x=\frac{1-\mu^2}{E}[\sigma_x-\frac{\mu}{1-\mu}\sigma_y]$$

$$\varepsilon_y=\frac{1-\mu^2}{E}[\sigma_y-\frac{\mu}{1-\mu}\sigma_x]$$

$$\gamma_{xy}=\frac{2(1+\mu)}{E}\tau_{xy}$$

Z 方向的应力 $\sigma_z=\mu(\sigma_x+\sigma_y)$。

上面三组共8个方程称为弹性力学平面问题的基本方程，含有8个未知量，从数学角度上讲，这是一个偏微分方程的边值问题，在一定的边界条件下是可以解出来的，这些边界条件包括位移边界条件和应力边界条件。

4. 位移边界条件

$$u_s=u_0 \quad \nu_s=\nu_0$$

5. 应力边界条件(图2-6)

$$\overline{x}dA\cdot t=\tau_{yx}dA\cos\beta\cdot t+\sigma_x dA\cos\alpha\cdot t$$

$$\overline{y}dA\cdot t=\tau_{xy}dA\cos\alpha\cdot t+\sigma_y dA\cos\beta\cdot t$$

化简后得到应力边界条件：

$$\tau_{yx}\cos\beta+\sigma_x\cos\alpha=\overline{x}\quad \tau_{xy}\cos\alpha+\sigma_y\cos\beta=\overline{y}$$

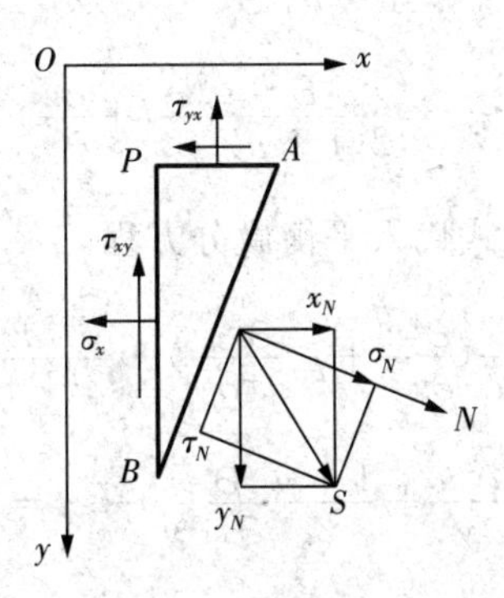

图 2-6　应力边界条件

§2-4　弹性力学平面问题的解析解法

弹性力学平面问题有两类解法：一类是解析解法，另一类是数值解法。解析解法又可分为按位移求解和按应力求解，数值解法又可分为差分法、变分法和有限元法。本书讲述的重点是有限元法，因此对解析解法只作概略介绍。

1. 按位移求解 —— 取位移作为基本未知量

对上述 set 1 作如下处理(以平面应力问题为例)：

(1) 将几何方程代入物理方程。

由平面应力物理方程的前两个式子解出

$$\sigma_x=\frac{E}{1-\mu^2}(\varepsilon_x+\mu\varepsilon_y)\quad \sigma_y=\frac{E}{1-\mu^2}(\varepsilon_y+\mu\varepsilon_x)$$

将几何方程代入得

$$\sigma_x = \frac{E}{1-\mu^2}(\frac{\partial u}{\partial x} + \mu \frac{\partial \nu}{\partial y})$$

$$\sigma_y = \frac{E}{1-\mu^2}(\frac{\partial \nu}{\partial y} + \mu \frac{\partial u}{\partial x}) \tag{2-13}$$

$$\tau_{xy} = \frac{E}{2(1+\mu)}(\frac{\partial \nu}{\partial x} + \frac{\partial u}{\partial y})$$

(2) 将得到的上述三式代入平衡微分方程。

$$\frac{\partial \sigma_x}{\partial x} + \frac{\partial \tau_{yx}}{\partial y} + x = \frac{E}{1-\mu^2}(\frac{\partial^2 u}{\partial x^2} + \mu \frac{\partial^2 \nu}{\partial x \partial y}) + \frac{E}{2(1+\mu)}(\frac{\partial^2 \nu}{\partial x \partial y} + \frac{\partial^2 u}{\partial y^2}) + x$$

$$= \frac{E}{1-\mu^2}(\frac{\partial^2 u}{\partial x^2} + \frac{1-\mu}{2}\frac{\partial^2 u}{\partial y^2} + \frac{1+\mu}{2}\frac{\partial^2 \nu}{\partial x \partial y}) + x = 0$$

$$(2-14)$$

同理，

$$\frac{E}{1-\mu^2}(\frac{\partial^2 \nu}{\partial y^2} + \frac{1-\mu}{2}\frac{\partial^2 \nu}{\partial x^2} + \frac{1+\mu}{2}\frac{\partial^2 u}{\partial x \partial y}) + X = 0 \tag{2-15}$$

(3) 对应力边界条件作类似处理。

$$\bar{x} = \frac{E}{1-\mu^2}[(\frac{\partial u}{\partial x} + \mu \frac{\partial \nu}{\partial y})\cos\alpha + \frac{1-\mu}{2}(\frac{\partial \nu}{\partial x} + \mu \frac{\partial u}{\partial y})\cos\beta] \tag{2-16}$$

$$\bar{y} = \frac{E}{1-\mu^2}[(\frac{\partial \nu}{\partial x} + \mu \frac{\partial u}{\partial y})\cos\beta + \frac{1-\mu}{2}(\frac{\partial u}{\partial x} + \mu \frac{\partial \nu}{\partial y})\cos\alpha] \tag{2-17}$$

式(2-14)、式(2-15)加上处理后的应力边界条件式(2-16)、式(2-17)再加上 set 1 中原有的位移边界条件就构成平面应力问题按位移求解的一套公式(set 2)，将这一套公式中的 E 换成$\frac{E}{1-\mu^2}$、μ 换成$\frac{\mu}{1-\mu}$ 就构成平面应变问题按位移求解的一套公式(set 3)。用 set 2 或 set 3 求得位移后，再用 set 1 中的几何方程求得应变，最后用式(2-13)中的三个式子求得应力。

2. 按应力求解——取应力作为基本未知量

对 set 1 作如下处理(仍以平面应力问题为例)：

(1) 由几何方程推导出相容方程(变形协调方程)。

$$\frac{\partial^2 \varepsilon_x}{\partial y^2} = \frac{\partial^3 u}{\partial x \partial y^2} \qquad \frac{\partial^2 \varepsilon_y}{\partial x^2} = \frac{\partial^3 \nu}{\partial x^2 \partial y}$$

两式相加得

$$\frac{\partial^2 \varepsilon_x}{\partial y^2}+\frac{\partial^2 \varepsilon_y}{\partial x^2}=\frac{\partial^2}{\partial x\partial y}(\frac{\partial v}{\partial x}+\frac{\partial u}{\partial y})=\frac{\partial^2 \gamma_{xy}}{\partial x\partial y}$$

(2) 将平面应力问题物理方程代入相容方程(用应力代替应变)。

$$\frac{\partial^2}{\partial y^2}(\sigma_x-\mu\sigma_y)+\frac{\partial^2}{\partial x^2}(\sigma_y-\mu\sigma_x)=\frac{\partial^2}{\partial x\partial y}2(1+\mu)\tau_{xy} \qquad (2-18)$$

(3) 利用平衡微分方程消去 τ_{xy}。

平衡微分方程移项得

$$\frac{\partial\tau_{yx}}{\partial y}=-\frac{\partial\sigma_x}{\partial x}-x \quad \frac{\partial\tau_{xy}}{\partial x}=-\frac{\partial\sigma_y}{\partial y}-y$$

分别对 x、y 求偏导:

$$\frac{\partial^2\tau_{yx}}{\partial x\partial y}=-\frac{\partial^2\sigma_x}{\partial x^2}-\frac{\partial x}{\partial x} \quad \frac{\partial^2\tau_{xy}}{\partial x\partial y}=-\frac{\partial^2\sigma_y}{\partial y^2}-\frac{\partial y}{\partial y}$$

两式相加得

$$2\frac{\partial^2\tau_{xy}}{\partial x\partial y}=-(\frac{\partial^2\sigma_x}{\partial x^2}+\frac{\partial^2\sigma_y}{\partial y^2}+\frac{\partial x}{\partial x}+\frac{\partial y}{\partial y})$$

代入式(2-18)右边,得

$$\frac{\partial^2}{\partial y^2}(\sigma_x-\mu\sigma_y)+\frac{\partial^2}{\partial x^2}(\sigma_y-\mu\sigma_x)=-(1+\mu)(\frac{\partial^2\sigma_x}{\partial x^2}+\frac{\partial^2\sigma_y}{\partial y^2}+\frac{\partial x}{\partial x}+\frac{\partial y}{\partial y})$$

整理后得 $$\frac{\partial^2\sigma_x}{\partial x^2}+\frac{\partial^2\sigma_x}{\partial y^2}+\frac{\partial^2\sigma_y}{\partial x^2}+\frac{\partial^2\sigma_y}{\partial y^2}=-(1+\mu)(\frac{\partial x}{\partial x}+\frac{\partial y}{\partial y})$$

即 $$(\frac{\partial^2}{\partial x^2}+\frac{\partial^2}{\partial y^2})(\sigma_x+\sigma_y)=-(1+\mu)(\frac{\partial x}{\partial x}+\frac{\partial y}{\partial y})$$

记$\frac{\partial^2}{\partial x^2}+\frac{\partial^2}{\partial y^2}$为拉氏算子$\nabla^2$,则有

$$\nabla^2(\sigma_x+\sigma_y)=-(1+\mu)(\frac{\partial x}{\partial x}+\frac{\partial y}{\partial y}) \qquad (2-19)$$

上述相容方程式(2-19)和 set 1 中的平衡微分方程,加上应力边界条件就构成平面应力问题按应力求解的一套公式(set 4),将这一套公式中的 μ 换

成$\frac{\mu}{1-\mu}$就构成平面应变问题按应力求解的一套公式(set 5)。

按应力求解时值得注意的问题如下:

第一,当问题含有位移边界条件时,一般不能按应力求解。

第二,当弹性体为单连体时(只具有一个连续边界),按应力求解可唯一地确定应力分量;当弹性体为多连体时(具有多个连续边界),按应力求解得到的应力分量表达式中会出现待定函数或待定常数,需要利用"位移单值条件"来确定。

第三,在体力为常量的情况下,平衡微分方程、相容方程和应力边界条件中都不会含有 E、μ、G,因此这一套公式既适用于平面应力问题,又适用于平面应变问题。当弹性体具有相同的边界形状和相同的外力分布时,不管其材料是否相同,也不管是平面应力问题还是平面应变问题,求出的应力分量是相同的。但其应变和位移却不一定相同。

为什么不能用应变分量作为基本未知量求解?

弹性力学平面问题的8个未知量分为三类:应力、位移和应变,前面讨论了按应力求解和按位移求解的方法,那么,为什么没有按应变求解的方法,或者说,为什么不能用应变分量作为基本未知量求解?根本原因在于(从几何方程可见):当位移分量确定后,应变分量就可随之确定;当应变分量确定后,位移分量却不能完全确定。

例如:

设某弹性体三个应变分量全为0(没有变形),即

$$\varepsilon_x=\varepsilon_y=\gamma_{xy}=0$$

由几何方程得

$$\frac{\partial u}{\partial x}=0 \quad \frac{\partial v}{\partial y}=0 \quad \frac{\partial v}{\partial x}+\frac{\partial u}{\partial y}=0$$

前两式积分得 $u=f_1(y)$、$v=f_2(x)$(f 为待定函数),代入第三式得

$$\frac{\mathrm{d}f_2}{\mathrm{d}x}+\frac{\mathrm{d}f_1}{\mathrm{d}y}=0$$

该方程左边第一项是 x 的函数而第二项是 y 的函数,要使方程成立,只能是

$$\frac{\mathrm{d}f_1}{\mathrm{d}y}=-\omega \text{ 而 } \frac{\mathrm{d}f_2}{\mathrm{d}x}=\omega$$

积分后得　$u=f_1(y)=u_0-\omega y$　$\upsilon=f_2(x)=\upsilon_0+\omega x$　（其中 u_0、υ_0 为积分常数）。

因为一开始就设定该弹性体没有变形，所以计算出的位移肯定与变形无关。也就是说，它们只能是刚体位移，事实上，u_0、υ_0 分别刚体沿 x、y 轴的平动而 ω 则是绕 z 轴的转动。

弹性体没有变形时可以有刚体位移，有变形时也会存在刚体位移。换句话说，如果按照上述过程 —— 以应变为基本未知量求位移，那就必须确定 u_0、υ_0 和 ω，否则就不能得到确定的位移分量。

§2－5　虚功原理

弹性力学问题的求解，本质上是求解偏微分方程(组)的边值问题，即在满足已知边界条件的前提下求解一组偏微分方程。由于边界条件复杂多变、载荷分布复杂多变，因此在很多情况下无法得到精确的解析解，只得求助于近似的数值解法，如差分法、变分法和有限元法，其中变分法和有限元法都建立在虚功方程的基础上。

1. 弹性变形能

结构力学部分提到弹性变形能可以用 $W_{外}$、$W_{内}$ 表示，当用 $W_{内}$ 表示时：

$$U=W_{内}=\sum\left(\int\frac{1}{2}N\mathrm{d}u+\int\frac{1}{2}M\mathrm{d}\theta+\int\frac{1}{2}Q\gamma\mathrm{d}s\right)$$

这个公式适用于结构力学的研究对象 —— 杆件，对于一般的弹性体则不适用，因此要寻找一种适合一般弹性体的弹性能表达方式。

先看简单应力状态(等截面直杆在集中力作用下被拉伸)：

$$U=\frac{1}{2}P\Delta l$$

因为 $E\dfrac{\Delta l}{l}=\dfrac{P}{A}$(虎克定律)，所以 $\Delta l=\dfrac{Pl}{EA}$，$U=\dfrac{1}{2}\dfrac{P^2l}{EA}$。

求其中某一点的弹性变形能，因为各点应力状态相同，所以

$$u=\frac{U}{V}=\frac{U}{Al}=\frac{1}{2}\frac{P^2 l}{EA^2 l}=\frac{1}{2E}\frac{P^2}{A^2}=\frac{1}{2E}\sigma^2=\frac{1}{2}\sigma\varepsilon$$

上式实际上表示的是单位体积，或者说 $\mathrm{d}x\mathrm{d}yz=1$ 的微元体，或者说，该微元体代表应力为 σ、应变为 ε 的那一点的弹性变形能。

在 σ_x、σ_y、τ_{xy}、ε_x、ε_y、γ_{xy} 都存在的复杂应力情况下：

$$u=\frac{1}{2}\sigma_x\varepsilon_x+\frac{1}{2}\sigma_y\varepsilon_y+\frac{1}{2}\tau_{xy}\gamma_{xy}$$

一般情况下，弹性体内部各点 σ_x、σ_y、τ_{xy}、ε_x、ε_y、γ_{xy} 均不相同，也就是说，它们都是 x、y 的函数，所以

$$U=W_{内}=\iint\left(\frac{1}{2}\sigma_x\varepsilon_x+\frac{1}{2}\sigma_y\varepsilon_y+\frac{1}{2}\tau_{xy}\gamma_{xy}\right)\mathrm{d}x\mathrm{d}yt$$

弹性变形能还可以只用应变分量表示，即将物理方程代入上式（以平面应力问题为例）：

$$u=\frac{E}{2(1-\mu^2)}\left(\varepsilon_x^2+\varepsilon_y^2+2\mu\varepsilon_x\varepsilon_y+\frac{1-\mu}{2}\gamma_{xy}^2\right)$$

因而 $$U=W_{内}=\frac{E}{2(1-\mu^2)}\iint\left(\varepsilon_x^2+\varepsilon_y^2+2\mu\varepsilon_x\varepsilon_y+\frac{1-\mu}{2}\gamma_{xy}^2\right)\mathrm{d}x\mathrm{d}yt \tag{2-20}$$

2. 变分及其运算法则

考虑到在结构力学部分已推导过杆件虚功原理，在弹性力学中从位移变分的角度来推导虚功原理，为此，先要引入变分的概念。

变分是求泛函极值的数学工具。

所谓泛函是指含有未知函数及其导函数的积分式，记为 I，其极值条件（极值存在的必要条件）是 $\delta I=0$。

这与高等数学中求函数（无约束）极值很相似，求函数极值时，函数是含有未知量的算式，而在求泛函极值时，泛函是含有未知函数及其导函数的积分式；在求函数极值时，最终求得的是使函数取得极值的未知量的具体数值（最优解），而在求泛函极值时，最终求得的是使积分式取得极值的特定函数。

δ 作为变分运算符号具有自身的运算法则，主要内容如下：

$$\delta(f_1+f_2)=\delta f_1+\delta f_2$$

$$\delta(f_1\cdot f_2)=f_1\delta f_2+f_2\delta f_1$$

$$\delta(\frac{f_1}{f_2})=\frac{f_2\delta f_1-f_1\delta f_2}{f_2^2}$$

$$\delta(f^n)=nf\delta(f^{n-1})$$

$$\delta\frac{\mathrm{d}y}{\mathrm{d}x}=\frac{\mathrm{d}}{\mathrm{d}x}\delta y$$

3. 虚功方程的推导

首先引入虚位移的概念：设弹性体在一定的外力作用下处于平衡状态，产生了位移 u、ν，为了研究弹性体能量的变化规律，给弹性体加上一种假想的位移——虚位移，即令 $u'=u+\delta u$、$\nu'=\nu+\delta\nu$，其中 δu、$\delta\nu$ 称为虚位移，又叫位移变分。

加上虚位移后，弹性体在能量方面发生了以下变化：

前文提到，在没有温度变化和缓慢加载的前提下，形变势能的增加应等于外力所做的功，那么在发生虚位移的情况下，外力将作虚功 δW，形变势能也将发生变化，产生形变势能的变分 δU，根据能量守恒定理得 $\delta W=\delta U$。

下面分别给出 δW 和 δU 的表达式，先看 δW：

$$\delta W=\iint(x\delta u+y\delta v)\mathrm{d}x\mathrm{d}yt+\int_S(\overline{x}\delta u+\overline{y}\delta v)\mathrm{d}st$$

再看 δU，对式(2-20)中应变分量作变分：

$$\delta U=\frac{E}{2(1-\mu^2)}\iint[2\varepsilon_x\delta\varepsilon_x+2\varepsilon_y\delta\varepsilon_y+2\mu\varepsilon_x\delta\varepsilon_y+2\mu\varepsilon_y\delta\varepsilon_x+(1-\mu)\gamma_{xy}\delta\gamma_{xy}]\mathrm{d}x\mathrm{d}yt$$

$$=\frac{E}{2(1-\mu^2)}\iint[2(\varepsilon_x+\mu\varepsilon_y)\delta\varepsilon_x+2(\varepsilon_y+\mu\varepsilon_x)\delta\varepsilon_y+(1-\mu)\gamma_{xy}\delta\gamma_{xy}]\mathrm{d}x\mathrm{d}yt$$

$$=\iint[\frac{E}{1-\mu^2}(\varepsilon_x+\mu\varepsilon_y)\delta\varepsilon_x+\frac{E}{1-\mu^2}(\varepsilon_y+\mu\varepsilon_x)\delta\varepsilon_y+\frac{E}{2(1+\mu)}\gamma_{xy}\delta\gamma_{xy}]\mathrm{d}x\mathrm{d}yt$$

$$=\iint(\sigma_x\delta\varepsilon_x+\sigma_y\delta\varepsilon_y+\tau_{xy}\delta\gamma_{xy})\mathrm{d}x\mathrm{d}yt$$

因为 $\delta W=\delta U$，所以

$$\iint(\sigma_x\delta\varepsilon_x+\sigma_y\delta\varepsilon_y+\tau_{xy}\delta\gamma_{xy})\mathrm{d}x\mathrm{d}y=\iint(x\delta u+y\delta v)\mathrm{d}x\mathrm{d}y+\int_S(\overline{x}\delta u+\overline{y}\delta v)\mathrm{d}s \tag{2-21}$$

式(2－21)就是虚功方程，它表明：外力在虚位移上所做的虚功，等于应力在虚应变上所做的虚功，这和结构力学中的虚功原理(第一状态的外力在第二状态的位移上所做的虚外功，等于第一状态的内力在第二状态的相应变形上所做的虚内功)在本质上是一致的。

那么，如何从变分本身的数学含义——求泛函极值方面来理解上述虚功原理呢？

将虚功原理 $\delta W=\delta U$ 改写为 $\delta U-\delta W=0$，即 $\delta(U-W)=0$

$U-W$ 称为总势能，这是一个含有未知位移函数及其导函数的积分式——泛函，$\delta(U-W)=0$ 是这一泛函的极值条件，所以，利用虚功方程求位移函数的过程实质上是对总势能泛函求极值的过程。$\delta(U-W)=0$ 表明：在给定的外力作用下，满足边界条件的一切可能位移中，能使总势能取得极值(可以进一步证明为极小值)的那组位移才是满足平衡条件的真实位移，这称作极小势能原理。

虚功原理和极小势能原理在本质上是一样的，都是对弹性体发生虚位移时能量守恒的表述。

4. 虚功方程与弹性力学基本方程的关系

虚功方程与弹性力学基本方程之间的内在联系推导如下：

取虚功方程式(2－21)中的第一项 $\iint\sigma_x\delta\varepsilon_x\mathrm{d}x\mathrm{d}y$ 为例：

$$\iint\sigma_x\delta\varepsilon_x\mathrm{d}x\mathrm{d}y=\iint\sigma_x\delta\left(\frac{\partial u}{\partial x}\right)\mathrm{d}x\mathrm{d}y=\iint\sigma_x\frac{\partial}{\partial x}(\delta u)\mathrm{d}x\mathrm{d}y$$

因为
$$\frac{\partial}{\partial x}(\sigma_x\delta u)=\frac{\partial\sigma_x}{\partial x}(\delta u)+\sigma_x\frac{\partial}{\partial x}(\delta u)$$

所以
$$\sigma_x\frac{\partial}{\partial x}(\delta u)=\frac{\partial}{\partial x}(\sigma_x\delta u)-\frac{\partial\sigma_x}{\partial x}\delta u$$

代入上式得

$$\iint \sigma_x \frac{\partial}{\partial x}(\delta u)\mathrm{d}x\mathrm{d}y = \iint \frac{\partial}{\partial x}(\sigma_x \delta u)\mathrm{d}x\mathrm{d}y - \iint \frac{\partial \sigma_x}{\partial x}\delta u \mathrm{d}x\mathrm{d}y \qquad (2-22)$$

同理

$$\iint \sigma_y \frac{\partial}{\partial y}(\delta v)\mathrm{d}x\mathrm{d}y = \iint \frac{\partial}{\partial y}(\sigma_y \delta v)\mathrm{d}x\mathrm{d}y - \iint \frac{\partial \sigma_y}{\partial y}\delta v \mathrm{d}x\mathrm{d}y \qquad (2-23)$$

$$\begin{aligned}\iint \tau_{xy}\delta\gamma_{xy}\mathrm{d}x\mathrm{d}y &= \iint \tau_{xy}\delta\left(\frac{\partial v}{\partial x}+\frac{\partial u}{\partial y}\right)\mathrm{d}x\mathrm{d}y \\ &= \iint \tau_{xy}\frac{\partial}{\partial y}(\delta u)\mathrm{d}x\mathrm{d}y + \iint \tau_{xy}\frac{\partial}{\partial x}(\delta v)\mathrm{d}x\mathrm{d}y \\ &= \iint \frac{\partial}{\partial y}(\tau_{xy}\delta u)\mathrm{d}x\mathrm{d}y - \iint \frac{\partial \tau_{xy}}{\partial y}\delta u \mathrm{d}x\mathrm{d}y + \iint \frac{\partial}{\partial x}(\tau_{xy}\delta v)\mathrm{d}x\mathrm{d}y \\ &\quad - \iint \frac{\partial \tau_{xy}}{\partial x}\delta v \mathrm{d}x\mathrm{d}y\end{aligned} \qquad (2-24)$$

因此，虚功方程式(2-21)等号左边应为式(2-22)、式(2-23)、式(2-24)各项之和。

对$\iint \frac{\partial}{\partial x}(\sigma_x \delta u)\mathrm{d}x\mathrm{d}y + \iint \frac{\partial}{\partial y}(\sigma_y \delta v)\mathrm{d}x\mathrm{d}y$运用高等数学中的 Green 公式可得

设 S 为域 D 的边界，P、Q、$\frac{\partial P}{\partial y}$、$\frac{\partial Q}{\partial x}$ 在 D 上连续，则

$$\iint_D \left(\frac{\partial Q}{\partial x} - \frac{\partial P}{\partial y}\right)\mathrm{d}x\mathrm{d}y = \int_S (P\mathrm{d}x + Q\mathrm{d}y)$$

令 $P=-\sigma_y\delta\nu$，$Q=\sigma_x\delta u$，则

$$\iint \frac{\partial}{\partial x}(\sigma_x \delta u)\mathrm{d}x\mathrm{d}y + \iint \frac{\partial}{\partial y}(\sigma_y \delta v)\mathrm{d}x\mathrm{d}y = -\int_S \sigma_y \delta v \mathrm{d}x + \int_S \sigma_x \delta u \mathrm{d}y$$

如图 2-7 所示，有 $\mathrm{d}y=\mathrm{d}s\cdot\cos\alpha$、$\mathrm{d}x=-\mathrm{d}s\cdot\cos\beta$，因此

$$\iint \frac{\partial}{\partial x}(\sigma_x \delta u)\mathrm{d}x\mathrm{d}y + \iint \frac{\partial}{\partial y}(\sigma_y \delta v)\mathrm{d}x\mathrm{d}y = \int_S \sigma_y \delta v \cos\beta \mathrm{d}s + \int_S \sigma_x \delta u \cos\alpha \mathrm{d}s$$

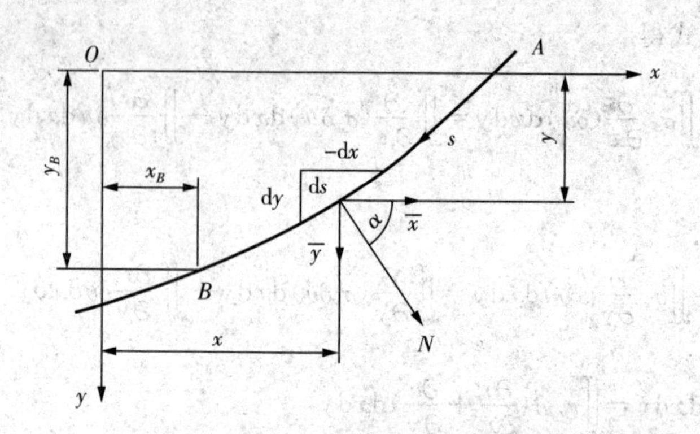

图 2-7　dx、dy 与 ds 的关系

同理，对$\iint \frac{\partial}{\partial x}(\tau_{xy}\delta v)\mathrm{d}x\mathrm{d}y + \iint \frac{\partial}{\partial y}(\tau_{xy}\delta u)\mathrm{d}x\mathrm{d}y$ 运用 Green 公式可得

$$\iint \frac{\partial}{\partial x}(\tau_{xy}\delta v)\mathrm{d}x\mathrm{d}y + \iint \frac{\partial}{\partial y}(\tau_{xy}\delta u)\mathrm{d}x\mathrm{d}y = \int_S \tau_{xy}\delta v\cos\alpha\mathrm{d}s + \int_S \tau_{xy}\delta u\cos\beta\mathrm{d}s$$

将上述所有转换结果代入虚功方程式(2-21)的左边，最终得

$$\int_S \sigma_y\delta v\cos\beta\mathrm{d}s + \int_S \sigma_x\delta u\cos\alpha\mathrm{d}s + \int_S \tau_{xy}\delta v\cos\alpha\mathrm{d}s + \int_S \tau_{xy}\delta u\cos\beta\mathrm{d}s$$

$$-\iint \frac{\partial\sigma_x}{\partial x}\delta u\mathrm{d}x\mathrm{d}y - \iint \frac{\partial\sigma_y}{\partial y}\delta v\mathrm{d}x\mathrm{d}y - \iint \frac{\partial\tau_{yx}}{\partial y}\delta u\mathrm{d}x\mathrm{d}y - \iint \frac{\partial\tau_{xy}}{\partial x}\delta v\mathrm{d}x\mathrm{d}y$$

$$= \iint (x\delta u + y\delta v)\mathrm{d}x\mathrm{d}y + \int_S (\overline{x}\delta u + \overline{y}\delta v)\mathrm{d}s$$

按下述原则整理：面积分归面积分、线积分归线积分、含 δu 的项合并、含 δv 的项合并，得到下式：

$$\iint \left(\frac{\partial\sigma_x}{\partial x} + \frac{\partial\tau_{yx}}{\partial y} + x\right)\delta u\mathrm{d}x\mathrm{d}y + \iint \left(\frac{\partial\sigma_y}{\partial y} + \frac{\partial\tau_{xy}}{\partial x} + y\right)\delta v\mathrm{d}x\mathrm{d}y$$

$$-\int_S (\sigma_x\cos\alpha + \tau_{xy}\cos\beta - \overline{x})\delta u\mathrm{d}s - \int_S (\sigma_y\cos\beta + \tau_{xy}\cos\alpha - \overline{y})\delta v\mathrm{d}s = 0$$

因为 δu、δv 是任意值，所以要使得上式成立，必须各项积分的被积函数为 0，即

$$\frac{\partial\sigma_x}{\partial x} + \frac{\partial\tau_{yx}}{\partial y} + x = 0$$

$$\frac{\partial\sigma_y}{\partial y} + \frac{\partial\tau_{xy}}{\partial x} + y = 0$$

$$\sigma_x \cos\alpha + \tau_{xy} \cos\beta - \overline{x} = 0$$

$$\sigma_y \cos\beta + \tau_{xy} \cos\alpha - \overline{y} = 0$$

这恰恰是 set 1 中的平衡微分方程和应力边界条件，也证明虚功方程所表述的内容正是静力平衡条件。

因此，用虚功方程解弹性力学平面问题的一套公式(set 6)包括：虚功方程式(2-21)、set 1 中的几何方程、物理方程、位移边界条件。这正是有限元法所依据的基本方程。

思考与练习

为什么当弹性力学平面问题含有位移边界条件时，一般不能按应力求解?

第 3 章　有限单元法

§3-1　有限单元法的基本思想

有限单元法的基本思想如图 3-1 所示：

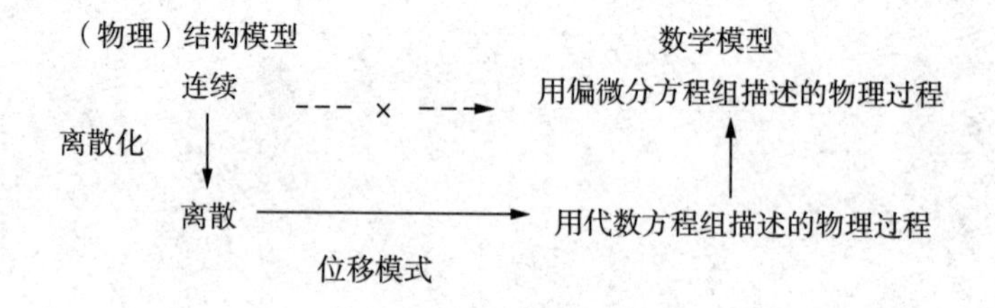

图 3-1　有限单元法基本思想

弹性力学有限单元法(有限元法)是工程技术人员在研究杆件的结构力学矩阵法时创造并逐步完善的,开始时甚至不为研究数学的人员所接受,但由于用它能解决许多其他方法解决不了的问题而逐步为人们所接受、所肯定,加上研究数学的人员的研究,建立了严谨的数学理论,反过来又促进了有限单元法的发展,并且使有限单元法不仅适用于结构分析,而且成为研究许多场问题乃至求解偏微分方程组的有效方法和工具。

有限单元法的优点有以下两点:

(1) 用离散结构代替连续结构,把一个无限自由度的问题化为有限自由度的问题。这一步称为离散化,通过单元划分来实现。

(2) 通过选用某种位移模式,使得本来用偏微分方程组描述的物理过程可以用代数方程组加以描述。显然，解代数方程组要比解偏微分方程组容易得多，从根本上解决了问题求解的困难。这种位移模式实质上是数学插值思想，更确切地说是分片插值的思想。

正是由于采用了离散和插值，所以有限单元法是一种近似的数值算法，计算出的结果必然会有误差，必须要考虑其误差分析和收敛性问题：

精度：与精确解析解的逼近程度；

收敛性：当 $n \to \infty$ 时，其解是否收敛于精确解；

稳定性：各种误差会不会累积、掩盖正确解。

通过有限单元法得到的数值误差除了计算中的截断误差、舍入误差外，主要有以下两种：

一是离散误差，它与单元的选型、单元的尺寸、单元的划分方法等因素有关，其特点是当 $n \to \infty$ 时，离散误差 $\to 0$；

二是插值误差，它属于模型误差，其特点是当 $n \to \infty$ 时同样存在。

§3－2　结构离散化——单元划分

单元划分是有限单元法的第一步，也是关键的一步，单元划分是否合理，与计算量、计算精度直接有关，其实质是建模问题。这一步早期完全由人工完成，目前虽然很多有限元软件具有自动划分网格的功能，但离不开用户的干预，因为其中涉及工程技术人员的经验和各方面综合知识。

首先，从提高精度、减小离散误差来说，单元应当越小越好，也就是说，单元数越多越好，根据误差分析：

(1) 应力误差 $\propto$ 单元的线尺寸；

(2) 位移误差 $\propto$ 单元线尺寸的平方。

由于单元数的增加将引起计算量的飞速增加，所以会受到计算机容量和速度的限制。

要综合考虑精度要求和计算机容量以确定单元基数(结点数、单元数)；要根据应力的大致分布状况采用疏密相间、大小配合的原则划分单元，但是，单元大小相差不能太悬殊，其原因在于太小单元的数值可能在计算中被舍去太多，以致影响计算精度。

其次，单元选型。有限元分析有各种单元可选用，仅就弹性力学平面问题而言，就有三角元(T)、矩形元(R)两大类，两大类中又根据结点的多少分为多种，其中矩形元还有直边和曲边之分。之所以提出这么多种单元，是因为它们的力学性质有差异、适用范围不同。

现对三种最常用的单元进行比较：T_3、T_6 和 R_4。

从精度的角度来说，在总的结点数相同的情况下 $T_6 > R_4 > T_3$，大致规律是，单元结点越多，精度越高。后面将会看到：增加结点可以构造出高次的插值函数，提高插值精度。

在相同的计算精度下，总的单元数却是 $T_6 < R_4 < T_3$。

由于待分析的弹性体形状千变万化，在单元选型时还要考虑弹性体边界形状问题即单元的曲线边界适应性。总的来说是

$$T > R \quad 且 \quad T_3 > T_6 > R_4$$

单元选型的另一个问题是，划分出的单元形状比较规整，规整可用下列指标衡量：

一是定义单个单元最大尺寸与最小尺寸之比为长细比。使各单元长细比保持在1左右，最大不要超过2。这是因为如果长细比过大，则单元不同方向的位移变化率相差较大，会影响计算精度。

二是尽量使单元各内角相差不要太大，这是因为根据误差分析可得知应力及位移误差 $\propto 1/$ 单元最小内角的正弦。

单元划分中还需要注意以下问题：

(1) 单元结点编号要沿结构尺寸较短的方向进行，这涉及刚阵的带宽即机内存储量问题。

(2) 当结构存在厚度、弹性常数和应力突变线时，要把突变线作为单元的界线。因为构造单元力学模型时，是假设 $t=\text{const}$，E、$\mu=\text{const}$，应力的突变在同一单元中由于插值的影响不能充分体现出来。

本书对此不再细述。

§3－3　位移模式

弹性力学问题有两种解决途径：一是按应力求解，二是按位移求解。绝大多数有限元法都是按位移求解，即首先解出各点的 $u(x,y)$ 和 $\upsilon(x,y)$。由于离散化，故将无限自由度的问题化为有限自由度的问题，也就是说，只将结点位移作为基本未知量，那么，怎样通过结点位移进一步求得任意点的位移？这就需要通过某种方式将单元内部任何一点的位移与结点位移联系起来，这种方式就是位移模式。

建立一种位移模式，就是构造通过结点位移求解单元内部各点位移的函数，这是建立有限元模型的重要步骤，有关有限元计算公式的推导，都离不开位移模式。在各种平面单元分析一节中，还要根据有限元模式对有限元法的精度、收敛性问题进行深入的讨论。

单元内部各点与结点之间的位移存在着复杂的函数关系，用满足工程精度要求的某种近似函数去逼近它，就是位移模式或位移函数。在有限元中普遍使用代数多项式作为近似函数，原因是使用代数多项式比较容易进行微分、积分等处理，且取适当多的项数可保证其光滑性和逼近精度。

构造位移函数的基本方法有两种：一是广义坐标法，二是插值法。

1. 简单介绍广义坐标法

广义坐标法假设单元各点之间的位移由一个代数多项式来表达：

$$U=\alpha_0+\alpha_1 x+\alpha_2 y+\alpha_3 xy+\alpha_4 x^2+\alpha_5 y^2+\alpha_6 x^2 y+\alpha_7 xy^2+\cdots$$

$$V=\beta_0+\beta_1 x+\beta_2 y+\beta_3 xy+\beta_4 x^2+\beta_5 y^2+\beta_6 x^2 y+\beta_7 xy^2+\cdots$$

根据精度要求，可选择采用哪些项：如只用常数项和一次项，或采用常数项、一次项、二次项等。

为方便了解这一方法，假设仅采用常数项和一次项，即

$$u=\alpha_0+\alpha_1 x+\alpha_2 y$$

$$\upsilon=\beta_0+\beta_1 x+\beta_2 y$$

其中：α、β 为待定系数。

再假设采用的是三结点三角元 T_3，它有三个结点 i、j、m，即共有 6 个结点位移分量 u_i、υ_i、u_j、υ_j、u_m、υ_m。

构造的位移函数在结点处应精确等于其位移值，即

$$u_i = \alpha_0 + \alpha_1 x_i + \alpha_2 y_i$$

$$\upsilon_i = \beta_0 + \beta_1 x_i + \beta_2 y_i$$

$$u_j = \alpha_0 + \alpha_1 x_j + \alpha_2 y_j$$

$$\upsilon_j = \beta_0 + \beta_1 x_j + \beta_2 y_j$$

$$u_m = \alpha_0 + \alpha_1 x_m + \alpha_2 y_m$$

$$\upsilon_m = \beta_0 + \beta_1 x_m + \beta_2 y_m$$

其中的待定系数 α、β 可以通过 u、υ、x、y 来求出：将上式写成矩阵形式：

$$\begin{bmatrix} u_i \\ \upsilon_i \\ u_j \\ \upsilon_j \\ u_m \\ \upsilon_m \end{bmatrix} = \begin{bmatrix} 1 & x_i & y_i & 0 & 0 & 0 \\ 0 & 0 & 0 & 1 & x_i & y_i \\ 1 & x_j & y_j & 0 & 0 & 0 \\ 0 & 0 & 0 & 1 & x_j & y_j \\ 1 & x_m & y_m & 0 & 0 & 0 \\ 0 & 0 & 0 & 1 & x_m & y_m \end{bmatrix} \cdot \begin{bmatrix} \alpha_i \\ \alpha_i \\ \alpha_j \\ \alpha_j \\ \alpha_m \\ \alpha_m \end{bmatrix}$$

简写为 $\delta_e = W\alpha$

$\alpha = W^{-1}\delta_e$，被称为广义坐标，可以看出它是由各结点位移分量和各结点坐标来确定的。

将求得的 α 带入 u、υ 的表达式，经过整理可得

$$u = N_i u_i + N_j u_j + N_m u_m$$

$$\upsilon = N_i \upsilon_i + N_j \upsilon_j + N_m \upsilon_m$$

$$\text{其中}:N_i=\frac{\begin{vmatrix}1 & x & y\\ 1 & x_j & y_j\\ 1 & x_m & y_m\end{vmatrix}}{\begin{vmatrix}1 & x_i & y_i\\ 1 & x_j & y_j\\ 1 & x_m & y_m\end{vmatrix}}\quad (i,j,m)$$

称之为位移函数的形函数，又叫插值基函数。

将 u、v 用矩阵表示为

$$\begin{bmatrix}u\\ v\end{bmatrix}=\begin{bmatrix}N_i & 0 & N_j & 0 & N_m & 0\\ 0 & N_i & 0 & N_j & 0 & N_m\end{bmatrix}\cdot\begin{bmatrix}u_i\\ v_i\\ u_j\\ v_j\\ u_m\\ v_m\end{bmatrix}$$

引入 $I=\begin{bmatrix}1 & 0\\ 0 & 1\end{bmatrix}$，则

$$\begin{bmatrix}u\\ v\end{bmatrix}=[N_iI\quad N_jI\quad N_mI]\cdot\begin{bmatrix}u_i\\ v_i\\ u_j\\ v_j\\ u_m\\ v_m\end{bmatrix}$$，记为 $\{f\}=[N]\{\delta\}^e$，其中 $[N]$ 被称为形函数矩阵。

从上述内容可以看出：

(1) 因为位移模式取的是线性模式(u、v 表达式中只含 x、y 的一次项)，所以形函数也是线性函数。如果位移模式取二次项或更高次项，则$[N]$中也将包含相应的项。

(2)u、v 的最终形式为 $u=\Sigma N_i u_i$、$v=\Sigma N_i v_i$，实现了用结点位移表示内部各点位移，并且是线性组合，这是将偏微分方程组转化为线性方程组求解的关键。根据 N_i 的表达式可见，N_i 具有 0－1 特性，即当 $x=x_i$、$y=y_i$ 时，$N_i=1$，而 N_j、$N_m=0$。

(3) 用广义坐标法构造插值函数，要求 W^{-1}，这就可能求不出 W^{-1}，这是广义坐标法的严重缺陷，更好的方法是用插值函数法构造位移函数。

2. 插值函数法

从 u、v 的最终形式可知：u、v 是 N_i、u_i；N_j、u_j；N_m、u_m 三组函数的线性组合，而 N_i、N_j、N_m 是 x、y 的函数，确定位移模式的关键是求出 N_i、N_j、N_m，而且已知 N_i、N_j、N_m 具有 0－1 特性。

可以通过下述函数形式来保证 N_i、N_j、N_j 的 0－1 特性，即令

$$N_i(x,y)=\frac{\prod_{k=1}^{m}F_k(x,y)}{\prod_{k=1}^{m}F_k(x_i,y_i)}$$

显然，当 x、$y=x_i$、y_i 时，$N_i=1$。只要能使 $\prod_{k=1}^{m}F_k(x,y)$ 当 x、$y=x_i$、y_i 或 x、$y=x_m$、y_m 时 $N_i=0$，则可满足 0－1 特性。具体处理方法将在各种平面单元分析一节详述。

由此可以避免矩阵求逆可能遇到的麻烦。

需要说明的是，插值函数有以下两类：

第一类插值函数中只涉及结点函数值，称为 Lagrange 型。

第二类插值函数中不仅涉及结点函数值，而且涉及结点导函数值，称为 Hermite 型。本书只论及 Lagrange 型，因此上述方法也只适用于 Lagrange 型插值。

§3-4　有限元法基本计算公式

1. set 6 的矩阵表示

(1) 虚功方程。

$$\iint\left(\frac{\partial\sigma_x}{\partial x}+\frac{\partial\tau_{yx}}{\partial y}+x\right)\delta u\,\mathrm{d}x\mathrm{d}y+\iint\left(\frac{\partial\sigma_y}{\partial y}+\frac{\partial\tau_{xy}}{\partial x}+y\right)\delta v\,\mathrm{d}x\mathrm{d}y$$

$$=\int_S(\sigma_x\cos\alpha+\tau_{xy}\cos\beta-\overline{x})\delta u\,\mathrm{d}s+\int_S(\sigma_y\cos\beta+\tau_{xy}\cos\alpha-\overline{y})\delta v\,\mathrm{d}s=0$$

记　$\{\sigma\}=\begin{bmatrix}\sigma_x\\ \sigma_y\\ \tau_{xy}\end{bmatrix}$　应力向量

$\{\varepsilon^*\}=\begin{bmatrix}\delta\varepsilon_x\\ \delta\varepsilon_y\\ \delta\gamma_{xy}\end{bmatrix}$　虚应变向量　　$\{f^*\}=\begin{bmatrix}\delta u\\ \delta v\end{bmatrix}$　虚位移向量

$\{P\}=\begin{bmatrix}x\\ y\end{bmatrix}$　体力向量　　$\{\overline{P}\}=\begin{bmatrix}\overline{x}\\ \overline{y}\end{bmatrix}$　面力向量

(加 * 表示"虚")

则　$\iint\{\varepsilon^*\}^{\mathrm{T}}\{\sigma\}\mathrm{d}x\mathrm{d}y=\iint\{f^*\}^{\mathrm{T}}\{P\}\mathrm{d}x\mathrm{d}y+\int_S\{f^*\}^{\mathrm{T}}\{\overline{P}\}\mathrm{d}s$　(4-1)

(2) 几何方程。

$$\varepsilon_x=\frac{\partial u}{\partial x}\quad\varepsilon_y=\frac{\partial v}{\partial y}\quad\gamma_{xy}=\frac{\partial v}{\partial x}+\frac{\partial u}{\partial y}$$

记　$\{\varepsilon\}=\begin{bmatrix}\varepsilon_x\\ \varepsilon_y\\ \varepsilon_{xy}\end{bmatrix}$　应变向量　　$\{f\}=\begin{bmatrix}u\\ v\end{bmatrix}$　位移向量

$$[L]=\begin{bmatrix}\dfrac{\partial}{\partial x} & 0 \\ 0 & \dfrac{\partial}{\partial y} \\ \dfrac{\partial}{\partial y} & \dfrac{\partial}{\partial x}\end{bmatrix} \quad \text{算子矩阵}$$

则 $\{\varepsilon\}=[L]\{f\}$

(3) 物理方程。

$$\varepsilon_x=\frac{1}{E}(\sigma_x-\mu\sigma_y)$$

$$\varepsilon_y=\frac{1}{E}(\sigma_y-\mu\sigma_x)$$

$$\gamma_{xy}=\frac{2(1+\mu)}{E}\tau_{xy}$$

$$\text{记}[D]=\frac{E}{1-\mu^2}\begin{bmatrix}1 & \mu & 0 \\ \mu & 1 & 0 \\ 0 & 0 & \dfrac{1-\mu}{2}\end{bmatrix} \quad \text{弹性矩阵}$$

则 $\{\sigma\}=[D]\{\varepsilon\}$

(4) 位移边界条件。

$$u_s=u_0 \quad \nu_s=\nu_0$$

记为 $\{f\}_s=\{\bar{f}\}$

另外,还有在上文中推导出的 $\{f\}=[N]\{\delta\}^e$

2. 有限元计算公式推导

(1) 载荷向结点移置。

前文提到,有限元要求全部外力都作用于结点上,因此,要将单元所受的外力(体力、面力)都移置到结点上。

载荷向结点移置的原则是能量等价,即实际载荷与结点载荷在任何虚位移上的虚功相等:

$$\{\varepsilon\}^{e\mathrm{T}}\{f\}^e=\iint\{f^*\}^{\mathrm{T}}\{P\}\mathrm{d}x\mathrm{d}y+\int_s\{f^*\}^{\mathrm{T}}\{\overline{P}\}\mathrm{d}s$$

$$\{f\}^e=\begin{bmatrix}x_i\\y_i\\x_j\\y_j\\x_m\\y_m\end{bmatrix}$$

将$\{f^*\}=[N]\{\delta^*\}^e$代入得

$$\{\delta^*\}^{e\mathrm{T}}\{f\}^e=\iint\{\delta^*\}^{e\mathrm{T}}[N]^{\mathrm{T}}\{P\}\mathrm{d}x\mathrm{d}y+\int_s\{\delta^*\}^{e\mathrm{T}}[N]^{\mathrm{T}}\{\overline{P}\}\mathrm{d}s$$

由于$\{\delta^*\}^e$是任意的，所以

$$\{f\}^e=\iint[N]^{\mathrm{T}}\{P\}\mathrm{d}x\mathrm{d}y+\int_s[N]^{\mathrm{T}}\{\overline{P}\}\mathrm{d}s$$

至此，式(4-1)虚功方程(对于每一个单元)可表示为

$$\iint\{\varepsilon^*\}^{\mathrm{T}}\{\sigma\}\mathrm{d}x\mathrm{d}y=\{\delta^*\}^{e\mathrm{T}}\{f\}^e$$

(2) 建立单元刚阵。

由几何方程

$$\{\varepsilon\}=[L]\{f\}=[L][N]\{\delta\}^e=[B]\{\delta\}^e$$

其中$[B]=[L][N]$称为应变矩阵。

由物理方程

$$\{\sigma\}=[D]\{\varepsilon\}=[D][B]\{\delta\}^e=[S]\{\delta\}^e$$

其中$[S]=[D][B]$称为应力矩阵。

代入虚功方程

$$\{\delta^*\}^{e\mathrm{T}}\{f\}^e=\iint\{\delta^*\}^{e\mathrm{T}}[B]^{\mathrm{T}}[D][B]\{\delta\}^e\mathrm{d}x\mathrm{d}y$$

$$=\{\delta^*\}^{e\mathrm{T}}(\iint[B]^{\mathrm{T}}[D][B]\mathrm{d}x\mathrm{d}y)\{\delta\}^e$$

$$\{\delta^*\}^{e\mathrm{T}} = \{\delta^*\}^{e\mathrm{T}}[k]\{\delta\}^e$$

因为$\{\delta^*\}^e$是任意的，所以

$$\{f\}^e = [k]\{\delta\}^e$$

单元刚阵具有以下特点：

第一，物理意义及对称性。

$$\begin{bmatrix} k_{11} & k_{12} & k_{13} & \cdots & k_{16} \\ k_{21} & k_{22} & k_{23} & \cdots & k_{26} \\ \vdots & \vdots & \vdots & & \vdots \\ \vdots & \vdots & \vdots & & \vdots \\ \vdots & \vdots & \vdots & & \vdots \\ k_{61} & k_{62} & k_{63} & \cdots & k_{66} \end{bmatrix} \cdot \begin{bmatrix} u_i \\ v_i \\ u_j \\ v_j \\ u_m \\ v_m \end{bmatrix} = \begin{bmatrix} x_i \\ y_i \\ x_j \\ y_j \\ x_m \\ y_m \end{bmatrix}$$

展开得(以一行为例)

$$k_{11}u_i + k_{12}v_i + k_{13}u_j + k_{14}v_j + k_{15}u_m + k_{16}v_m = x_i$$

由此，k_{ij} 的物理意义为某一结点单方向单位位移在第 i 结点 x 方向造成的反力，表示结点力与结点位移之间的关系。

根据反力互等原理 $k_{ij}=k_{ji}$，所以单元刚阵具有对称性。

第二，$u_{i、j、m}$ 和 $v_{i、j、m}$ 等于1时，单元刚体平移无应力，反力为0，因此，每行元素和为0。由单元刚性的对称性知，每列元素和也为0。

第三，当单元平移、颠倒、相似时单元刚阵不变，因此，建立单元刚阵的工作量没有想象中的那么大。这与$[B]$的性质有关(以 T_3 单元为例说明)。

因为$[k]=\iint[B]^{\mathrm{T}}[D][B]\mathrm{d}x\mathrm{d}y$，其中$[D]$只与材料常数有关，与坐标无关，而

$$[B] = \frac{1}{2A}\begin{bmatrix} b_i & 0 & b_j & 0 & b_m & 0 \\ 0 & c_i & 0 & c_j & 0 & c_m \\ c_i & b_i & c_j & b_j & c_m & b_m \end{bmatrix}$$

如下：

$$b_i = -\begin{bmatrix} 1 & y_j \\ 1 & y_m \end{bmatrix} = -(y_m - y_j) \qquad c_i = \begin{bmatrix} 1 & x_j \\ 1 & x_m \end{bmatrix} = x_m - x_j$$

$$b_j = -\begin{bmatrix} 1 & y_m \\ 1 & y_i \end{bmatrix} = -(y_i - y_m) \qquad c_j = \begin{bmatrix} 1 & x_m \\ 1 & x_i \end{bmatrix} = x_i - x_m$$

$$b_m = -\begin{bmatrix} 1 & y_i \\ 1 & y_j \end{bmatrix} = -(y_j - y_i) \qquad c_m = \begin{bmatrix} 1 & x_i \\ 1 & x_j \end{bmatrix} = x_j - x_i$$

当单元发生平移时，$y' = y + \Delta y, x' = x + \Delta x$，上面各式中的坐标值之差不变，因此当单元平移时单元刚阵不变。

再讨论单元发生颠倒的情况：单元 i、j、m 与单元 i'、j'、m' 是相互颠倒的关系。对于单元 i、j、m，$y_m > y_i$、y_j，$x_j > x_m > x_i$；对于单元 i'、j'、m'，$y_m < y_i$、y_j，$x_j < x_m < x_i$。因此，单元发生颠倒后$[B]$中所有元素相差一个负号，即$[B]' = -[B]$，但单元刚阵计算公式中的$[B]^T[B]$使得"负负得正"。

最后介绍单元相似的情况：

设 $A/A' = n^2$，即 $A = n^2 A'$，则有 $b/b' = n$、$c/c' = n$，即 $b = nb'$、$c = nc'$，

$$[B] = \frac{1}{2A}\begin{bmatrix} b_i & 0 & b_j & 0 & b_m & 0 \\ 0 & c_i & 0 & c_j & 0 & c_m \\ c_i & b_i & c_j & b_j & c_m & b_m \end{bmatrix} = \frac{1}{2n^2 A'} n \begin{bmatrix} b'_i & 0 & b'_j & 0 & b'_m & 0 \\ 0 & c'_i & 0 & c'_j & 0 & c'_m \\ c'_i & b'_i & c'_j & b'_j & c'_m & b'_m \end{bmatrix}$$

$$= \frac{1}{n}\frac{1}{2A'}\begin{bmatrix} b'_i & 0 & b'_j & 0 & b'_m & 0 \\ 0 & c'_i & 0 & c'_j & 0 & c'_m \\ c'_i & b'_i & c'_j & b'_j & c'_m & b'_m \end{bmatrix} = \frac{1}{n}[B]'$$

$$[k] = \iint [B]^{\mathrm{T}}[D][B]\mathrm{d}x\mathrm{d}y = \iint \frac{1}{n}[B]'^{\mathrm{T}}[D]\frac{1}{n}[B]'\mathrm{d}x\mathrm{d}y$$

$$= \iint \frac{1}{n^2}[B]'^{\mathrm{T}}[D][B]'\mathrm{d}x\mathrm{d}y$$

但由于积分上下限发生变化，即$\iint_A \mathrm{d}x\mathrm{d}y = A = n^2 A' = n^2 \iint_A \mathrm{d}x\mathrm{d}y$，所以$[k] = [k]'$。

(3) 建立整体刚阵。

单元划分是“化整为零”,在进行各单元分析、建立单元刚阵即建立单元平衡方程后则需要“集零为整”,进行总体平衡。整体平衡的界面是各个结点,平衡的内容是结点力,这些概念与结构力学中的位移法涉及的概念相同。

设有 m 个单元,在单元分析中已得到 m 个单元平衡方程为

$$\{f\}^e=[k]\{\delta\}^e$$

要得到的是整体平衡方程,其形式为

$$\{R\}=[K]\{\delta\}$$

其中:$\{R\}$ 称为整体等效结点载荷列向量,$\{R\}=[x_1 \quad y_1 \quad x_2 \quad y_2 \cdots x_n \quad y_n]^{\mathrm{T}}$;$[K]$ 为整体刚阵;$\{\delta\}$ 为整体结点位移列向量,$\{\delta\}=[u_1 \quad \upsilon_1 \quad u_2 \quad \upsilon_2 \cdots u_n \quad \upsilon_n]^{\mathrm{T}}$

这一过程是对号入座、同序号迭加的组装过程,因为各个单元的结点已编了号,如 T_3 单元的 i、j、m,而所有结点又作了编号,如1,2,3…,这些 i、j、m 和1,2,3… 之间有明确的一一对应关系。怎样让程序安排各就各位,具体通过转换矩阵$[C]^e$ 定义$\{\delta\}^e=[C]^e\{\delta\}$ 解决,下面通过一例加以说明。

设三角形单元 i、j、m 分别对应 1、3、5 号结点,于是有

$$\begin{bmatrix} u_i \\ \upsilon_i \\ u_j \\ \upsilon_j \\ u_m \\ \upsilon_m \end{bmatrix}=\begin{bmatrix} 1 & 0 & 0 & 0 & 0 & 0 & 0 & 0 & 0 & 0 & 0 & 0 \\ 0 & 1 & 0 & 0 & 0 & 0 & 0 & 0 & 0 & 0 & 0 & 0 \\ 0 & 0 & 0 & 0 & 1 & 0 & 0 & 0 & 0 & 0 & 0 & 0 \\ 0 & 0 & 0 & 0 & 0 & 1 & 0 & 0 & 0 & 0 & 0 & 0 \\ 0 & 0 & 0 & 0 & 0 & 0 & 0 & 0 & 0 & 1 & 0 & 0 \\ 0 & 0 & 0 & 0 & 0 & 0 & 0 & 0 & 0 & 0 & 1 & 0 \end{bmatrix}\cdot\begin{bmatrix} u_1 \\ \upsilon_1 \\ u_2 \\ \upsilon_2 \\ u_3 \\ \upsilon_3 \\ u_4 \\ \upsilon_4 \\ u_5 \\ \upsilon_5 \\ \cdots \\ \upsilon_n \end{bmatrix}$$

反过来有

$$\begin{bmatrix} u_1 \\ v_1 \\ u_2 \\ v_2 \\ u_3 \\ v_3 \\ u_4 \\ v_4 \\ u_5 \\ v_5 \\ \vdots \\ v_n \end{bmatrix} = \begin{bmatrix} 1 & 0 & 0 & 0 & 0 & 0 \\ 0 & 1 & 0 & 0 & 0 & 0 \\ 0 & 0 & 0 & 0 & 0 & 0 \\ 0 & 0 & 0 & 0 & 0 & 0 \\ 0 & 0 & 1 & 0 & 0 & 0 \\ 0 & 0 & 0 & 1 & 0 & 0 \\ 0 & 0 & 0 & 0 & 0 & 0 \\ 0 & 0 & 0 & 0 & 1 & 0 \\ 0 & 0 & 0 & 0 & 0 & 1 \\ 0 & 0 & 0 & 0 & 0 & 0 \\ 0 & 0 & 0 & 0 & 0 & 0 \\ \vdots & \vdots & \vdots & \vdots & \vdots & \vdots \end{bmatrix} \cdot \begin{bmatrix} u_i \\ v_i \\ u_j \\ v_j \\ u_m \\ v_m \end{bmatrix}$$

可见，$[C]^e$ 有以下两个特点：

一是每行每列最多有一个元素为1，其余均为0；

二是$([C]^e)^{\mathrm{T}}$ 可作逆阵使用，即$([C]^e)^{-1} = ([C]^e)^{\mathrm{T}}$。

于是，$\{R\} = \sum_e ([C]^e)^{\mathrm{T}}\{f\}^e$

$$[K] = \sum_e ([C]^e)^{\mathrm{T}}[k][C]^e$$

整体刚阵不仅具有对称性、稀疏性，而且具有奇异性。

(4) 约束条件的处理 —— 目的在于消除整体刚阵的奇异性。

边界约束条件的处理，其目的是消除整体刚阵的奇异性。因为从物理角度说，奇异性存在的原因是结构的刚体运动自由度没有得到消除。一旦引入边界约束条件，刚体运动自由度消除了，奇异性也就消失，就能唯一确定各结点的位移。

第一，对于零位移约束 —— 支承条件，需在整体刚阵中删去与零位移相对应的行和列，例如：

$$\begin{bmatrix} k_{11} & k_{12} \\ k_{21} & k_{22} \end{bmatrix} \cdot \begin{bmatrix} \Delta_1 \\ \Delta_2 \end{bmatrix} = \begin{bmatrix} R_1 \\ R_2 \end{bmatrix}$$

展开为

$$k_{11}\Delta_1 + k_{12}\Delta_2 = R_1$$

$$k_{21}\Delta_1 + k_{22}\Delta_2 = R_2$$

当 $\Delta_1 = 0$ 时(该方向位移被支承所约束),删去刚阵中与 Δ_1 对应的第一列不影响矩阵方程所表达的内容,因为此时

$$k_{11} \cdot 0 + k_{12}\Delta_2 = k_{12}\Delta_2 = R_1$$

$$k_{21} \cdot 0 + k_{22}\Delta_2 = k_{22}\Delta_2 = R_2$$

当 $\Delta_1 = 0$ 时所对应的 R_1 是支座反力,一般是不可能已知的,因此

$$k_{11} \cdot 0 + k_{12}\Delta_2 = k_{12}\Delta_2 = R_1$$

对确定 Δ_2 的值无用,可通过 $k_{21} \cdot 0 + k_{22}\Delta_2 = k_{22}\Delta_2 = R_2$ 解得 Δ_2,再代入上式求解得到支座反力 R_1,因此,删去刚阵中与 Δ_1 对应的第一行也不影响求解。

第二,对于非零位移约束——位移边界条件,如 $\delta_1 = \bar{\delta}$,可采用降阶法处理:

令第 i 行和第 i 列(在本例中是第1行和第1列)除 k_{ii}(在本例中是 k_{11})等于1外,其余元素均为0;$\{R\}$ 列向量中与位移边界对应的元素等于 $\bar{\delta}$,其余元素均减去 $k_{ii}\bar{\delta}$(在本例中是 $k_{11}\bar{\delta}$)。如

$$\begin{bmatrix} 1 & 0 \\ 0 & k_{22} \end{bmatrix} \cdot \begin{bmatrix} \delta_1 \\ \delta_2 \end{bmatrix} = \begin{bmatrix} \bar{\delta} \\ R_2 - k_{11}\bar{\delta} \end{bmatrix}$$

展开为

$$\delta_1 = \bar{\delta}$$

$$k_{22}\delta_2 = R_2 - k_{11}\bar{\delta}$$

(5) 结果整理(应力整理)。

视不同需要可计算绕结点平均应力,或者以公共边中点计算两相邻单

元平均应力。需要注意的是,计算上述两种平均应力时,单元面积不能相差太大,否则要加权(采用面积加权或正弦加权)平均。

更多的则是计算主应力,计算公式为

$$\sigma_1、\sigma_2=\frac{\sigma_x+\sigma_y}{2}\pm\sqrt{\left(\frac{\sigma_x-\sigma_y}{2}\right)^2+\tau_{xy}}$$

$$\mathrm{tg}\alpha_1=\frac{\sigma_1-\sigma_x}{\tau_{xy}}$$

$$\mathrm{tg}\alpha_2=\frac{\tau_{xy}}{\sigma_2-\sigma_y}$$

§3-5　各种平面单元分析

1. 自然坐标

为了对各种有限单元进行分析比较,需要引进一种新的局部坐标系——自然坐标,用自然坐标描述单元各种量的公式适用于同一类的所有单元,因而具有通用化、规格化的优点。

自然坐标的特点如下:

(1) 它是有界限的局部坐标,即只能表示本单元内的点,对单元外的点没有意义。因此,它只能作为局部坐标,不能作为整体坐标,整体坐标仍然是直角坐标,两者之间有一个相互转换的关系。

(2) 它是无因次的,即坐标值没有具体的几何量纲。这一点不同于直角坐标、极坐标、柱坐标、球坐标等坐标。自然坐标值的实质是比值。既然是比值,就没有具体的量纲。

(3) 自然坐标的坐标值域为[-1,1],这是由前面(1)、(2) 两点所决定的。

在弹性力学平面问题的有限元中,主要采用两类单元:T 元和 R 元,这两类单元所采用的自然坐标分别如下。

R 元(图 3-2)：

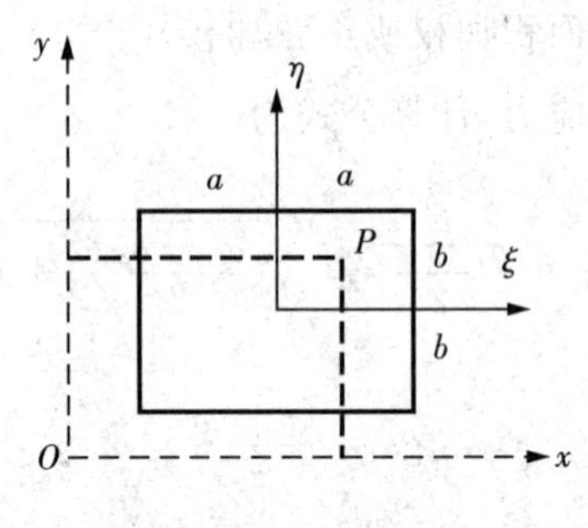

图 3-2 R 元自然坐标

以矩形中心为原点，ξ、η 两坐标方向分别平行于两邻边，坐标值域为$[-1,1]$。

这种自然坐标与直角坐标相差不太大，局部坐标与整体坐标之间的转换只是两个直角坐标系之间的转换，不需多加讨论。任一点 P 的自然坐标值为

$$\xi^P = \frac{x}{a} \quad \eta^P = \frac{y}{b}$$

T 元(图 3-3)：

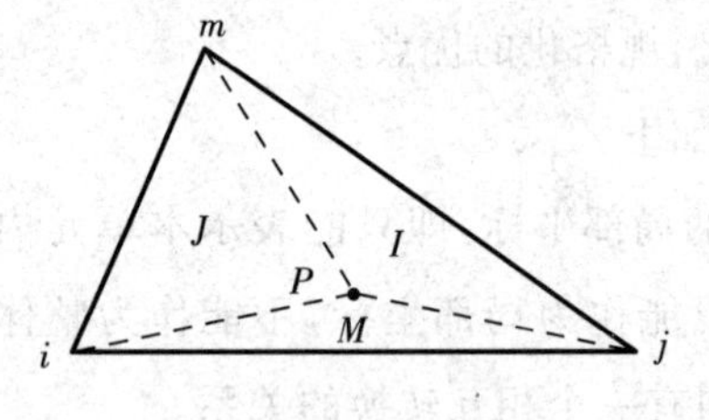

图 3-3 T 元面积坐标

面积坐标的定义是，欲用面积坐标表示单元内一点 P 的位置时，联结 Pi、Pj、Pm，将 $\triangle mij$ 分成三部分：I、J、M，则三个坐标值分别为(面积比)

$$L_i^P = \frac{I}{A} \quad L_j^P = \frac{J}{A} \quad L_m^P = \frac{M}{A} \quad (A\text{ 为 }\triangle mij\text{ 面积})$$

对于三角形内任一点，其坐标值是唯一的，其值域为$[0,1]$。

必须指出的是，这三个面积坐标值不是完全独立的，因为

$$L_i + L_j + L_m = \frac{AI}{A} + \frac{AJ}{A} + \frac{AM}{A} = \frac{AI + AJ + AM}{A} = 1$$

所以，三个坐标中只有两个是独立坐标，这是很自然的，因为平面内只需要两个坐标就可以确定某点的位置。

对于面积坐标，它似乎没有原点，也没有坐标轴方向。其实不然，当任取两个坐标（如取 L_i、L_j）作为独立坐标时，则 m 点就是坐标原点，因为在 m 点 $L_m=1$，而 L_i、L_j 均为0。L_i 的坐标轴方向是垂直于 mj 边指向 i 顶点方向，因为 mj 边上的点 $L_i=0$，而 i 顶点处 $L_i=1$ 取得最大值。还可以得到 $L_i=C$ 的等值线是平行于 mj 边的线段族（之所以说是线段族，是因为它不能超出三角形的范围）。

最后要解决直角坐标与面积坐标的转换问题，为此，需利用平面解析几何中求三角形面积的公式：

$$A = \frac{1}{2}\begin{vmatrix} 1 & x_i & y_i \\ 1 & x_j & y_j \\ 1 & x_m & y_m \end{vmatrix}$$

对于三角形中一点 $P(x,y)$：

$$A_I = \frac{1}{2}\begin{vmatrix} 1 & x & y \\ 1 & x_j & y_j \\ 1 & x_m & y_m \end{vmatrix}$$

则 $L_i = \dfrac{\begin{vmatrix} 1 & x & y \\ 1 & x_j & y_j \\ 1 & x_m & y_m \end{vmatrix}}{\begin{vmatrix} 1 & x_i & y_i \\ 1 & x_j & y_j \\ 1 & x_m & y_m \end{vmatrix}}$，或记为 $L_i = \dfrac{1}{2A}\begin{vmatrix} 1 & x & y \\ 1 & x_j & y_j \\ 1 & x_m & y_m \end{vmatrix}$

展开得 $L_i = \dfrac{1}{2A}[(x_j y_m - x_m y_j) + (y_j - y_m)x + (x_m - x_j)y] = \dfrac{1}{2A}(a_i + b_i x + c_i y)$

显然，系数 $a_i = x_j y_m - x_m y_j$，$b_i = y_j - y_m$，$c_i = x_m - x_j$

同理可得 $L_j = \frac{1}{2A}(a_j + b_j x + c_j y)$，$L_m = (a_m + b_m x + c_m y)$

其中，$a_j = x_m y_i - y_m x_i$，$b_j = y_m - y_i$，$c_j = x_i - x_m$

$a_m = x_i y_j - y_i x_j$，$b_m = y_i - y_j$，$c_m = x_j - x_i$

用矩阵表示为

$$\begin{bmatrix} L_i \\ L_j \\ L_m \end{bmatrix} = \frac{1}{2A}\begin{bmatrix} a_i & b_i & c_i \\ a_j & b_j & c_j \\ a_m & b_m & c_m \end{bmatrix} \cdot \begin{bmatrix} 1 \\ x \\ y \end{bmatrix}$$，简记为 $\{L\} = [W]\{x\}$

这是直角坐标 → 面积坐标的转换公式。

上式两边同乘以 $[W]^{-1}$ 得 $\{x\} = [W]^{-1}\{L\}$

则为面积坐标 → 直角坐标的转换公式，具体形式为

$$\begin{bmatrix} 1 \\ x \\ y \end{bmatrix} = \begin{bmatrix} 1 & 1 & 1 \\ x_i & x_j & x_m \\ y_i & y_j & y_m \end{bmatrix} \cdot \begin{bmatrix} L_i \\ L_j \\ L_m \end{bmatrix}$$

或展开为

$$L_i + L_j + L_m = 1$$

$$x = x_i L_i + x_j L_j + x_m L_m$$

$$y = y_i L_i + y_j L_j + y_m L_m$$

2. 位移模式必须满足的准则(条件)

进行有限元分析时所采用的位移模式是否能逼近单元内真实的位移状况，对能否保证计算精度起着决定性的作用。前文提到位移模式的形式是多项式，那么什么样的多项式能够充当有限元的位移模式？它必须满足两个准则：连续性准则和完备性准则。

(1) 连续性准则(位移协调条件)。

连续性准则有两层含义：

第一，在单元内部位移要处处连续。这很好理解，因为前面提到单元是

连续的、均匀的、各向同性的完全弹性体。这也很容易满足，因为代数多项式属于单值连续函数。

第二，在单元与单元之间的边界上位移也要处处连续。也就是说，当弹性体发生变形时，相邻单元的边界既不能相互脱离，也不能相互重叠，否则就与连续弹性体的变形情况大相径庭。要保证这一点，就必须做到：

如相邻边界上有两个公共结点，则位移模式（插值函数）在边界上具有线性函数形式；

如相邻边界上有三个公共结点，则位移模式（插值函数）在边界上具有二次函数形式；

如相邻边界上有四个公共结点，则位移模式（插值函数）在边界上具有三次函数形式；

以此类推。

这是因为利用 $n+1$ 个点的数值构造出的 n 次多项式具有唯一性，证明如下：

如果利用 $n+1$ 个点可以构造出两个不同的 n 次多项式 $f(x)$ 和 $f'(x)$，

令 $r(x)=f(x)-f'(x)$，将 $n+1$ 个点的数值代入 $r(x)$，

因为 $f(x_i)=f'(x_i)=0 \quad (i=1,2,3,\cdots,n+1)$

所以 $r(x_i)=0 \quad (i=1,2,3,\cdots,n+1)$

这意味着 $r(x)=0$ 这个 n 次方程有 $n+1$ 个根，因此只能是 $r(x)\equiv 0$，即 $f(x)\equiv f'(x)$

满足连续性准则或者说位移协调条件的单元称为协调元。

(2) 完备性准则。

对于只包含位移函数在结点处的数值而不包含位移函数的偏导函数在结点处数值的 Lagrange 型位移插值函数，完备性准则要求该位移插值函数中必须包含低于二阶以下的完整多项式。所谓低于二阶以下的完整多项式是指包含 0 阶和一阶项的多项式。在平面问题中，则指 $u(x,y)$ 中必须含有 $A+Bx+Cy$ 项，$v(x,y)$ 中必须含有 $D+Ex+Fy$ 项，即

$$u(x,y)=A+Bx+Cy+\cdots$$

$$v(x,y)=D+Ex+Fy+\cdots$$

其原因可以从两层意义上来理解：

第一，从力学意义上来考虑。前面提到单元的位移是由两部分组成的，一部分是由于自身发生形变引起的，另一部分是由于其他单元发生位移而连带引起的，也就是刚体位移。第2章曾推导过：$u(x,y)$ 中的 $A+Cy$ 以及 $v(x,y)$ 中的 $D+Ex$ 代表了刚体位移。因此，既然要求位移模式真实反映单元位移状况，就不能没有这些项。

第二，从有限元法的收敛性考虑。所谓收敛性是指：当 $n\to\infty$ 即单元趋于无穷小时，其变形状况要趋于反映真实状况的精确解。

取某个应变分量（例如 ε_x）来分析：在单元中沿 x 方向取两点 x_i、x_{i+1}，x_i 处的应变为 ε_x，x_{i+1} 处的应变为 $\varepsilon_x+\frac{\partial\varepsilon_x}{\partial x}\mathrm{d}x(\mathrm{d}x=x_{i+1}-x_i)$。

当单元趋于无穷小时，$\mathrm{d}x=x_{i+1}-x_i$ 趋于无穷小，$\frac{\partial\varepsilon_x}{\partial x}\mathrm{d}x$ 趋于0，即 x_i、x_{i+1} 处应有相同的应变 ε_x，此时单元趋于均匀变形，即所谓常量应变。因此，完备的位移模式中应包含反映常量应变的部分，已知

$$\varepsilon_x=\frac{\partial u}{\partial x}\quad \varepsilon_y=\frac{\partial v}{\partial y}\quad \gamma_{xy}=\frac{\partial v}{\partial x}+\frac{\partial u}{\partial y}$$

只有当 $u(x,y)$ 中含有 $Bx+Cy$ 以及 $v(x,y)$ 中含有 $Ex+Fy$ 时，才有

$$\varepsilon_x=\frac{\partial u}{\partial x}=B\quad \varepsilon_y=\frac{\partial v}{\partial y}=F\quad \gamma_{xy}=\frac{\partial v}{\partial x}+\frac{\partial u}{\partial y}=E+C\text{ 为常量}$$

因此，$u(x,y)$ 中的 $A+Bx+Cy$ 以及 $v(x,y)$ 中的 $D+Ex+Fy$ 是反映单元刚体位移和常量应变的项，所以平面 Lagrange 型位移插值函数的完备性准则又可表达为，位移模式中必须含有常量应变项和刚体位移项。

满足完备性准则的单元称为完备元。

完备性准则是有限元收敛于准确解的必要条件，再加上连续性条件才构成充分条件。

建立位移模式时，不仅要使插值函数满足0－1特性，还必须使插值函数满足连续性和完备性准则。

3. 在自然坐标中用插值函数法建立位移模式

前文提到，建立位移模式有两种基本方法：一是广义坐标法，二是插值

函数法，并且对广义坐标法进行了较详细的介绍，而对插值函数法只是简述了一下，在引入自然坐标和提出位移模式要遵循的基本准则后，现在来详细讨论插值函数法。

复习一下 Lagrange 插值公式：对于一维函数 $f(x)$，假设已知其 $n+1$ 个点 $(x_0, x_1, x_2, \cdots, x_n)$ 的函数值 $(y_0, y_1, y_2, \cdots, y_n)$，要构造 n 次的多项式来近似表示 $f(x)$，其公式是

$$P_n(x) = \sum_{k=0}^{n} \frac{(x-x_0)(x-x_1)(x-x_2)\cdots(x-x_n)}{(x_k-x_0)(x_k-x_1)(x_k-x_2)\cdots(x_k-x_n)} y_k$$

$$= \sum_{k=0}^{n} \Big(\prod_{\substack{j=0 \\ (j\neq k)}}^{n} \frac{x-x_j}{x_k-x_j} \Big) y_k = \sum_{k=0}^{n} A_k(x) y_k$$

首先，$P_n(x)$ 是 $y_k \ (k=0,1,2,\cdots,n)$ 的线性组合；

其次，$A_k(x) = \prod_{\substack{j=0 \\ (j\neq k)}}^{n} \frac{x-x_j}{x_k-x_j}$ 称为插值基函数，具有 0－1 特性：当 $x=x_k$ 时，$A_k(x)=1$；当 $x=x_j$ 时 $A_k(x)=0$。

构造 $P_n(x)$ 的关键是确定 $A_k(x)$，可以从几何意义上对 $A_k(x)$ 加以说明：先看分子，它是 n 个 $x-x_j$ 的连乘，对于每一项 $x-x_j$，将其视为一个直线方程 $x-x_j=0$，如图 3-4 所示，在直角坐标系中表示为一组平行于 y 轴的直线，由于 $j\neq k$，所以，它们分别过 $x_0, x_1, x_2, \cdots, x_j, \cdots, x_n (j\neq k)$ 这些点，由于它们是相互平行的，因此这些项是不可约的。

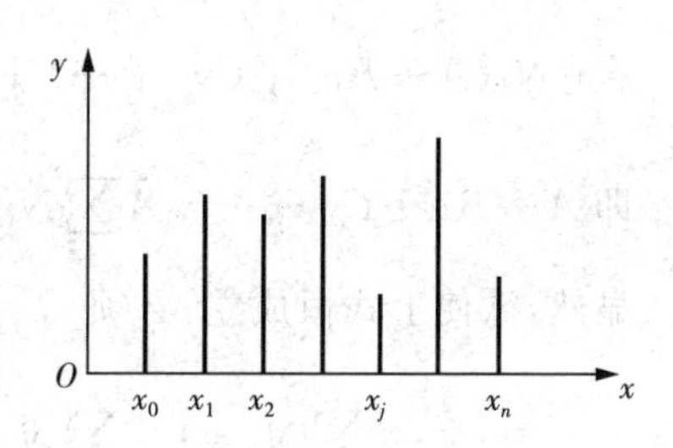

图 3-4　直线方程 $x-x_j=0$

显然，由于分子是 $x-x_j$ 的连乘，而 $x_0, x_1, x_2, \cdots, x_j, \cdots, x_n (j\neq k)$ 必是 $x-x_j=0$ 的一个根，因此将 $x_0, x_1, x_2, \cdots, x_j, \cdots, x_n (j\neq k)$ 代入分子必为 0。

又由于 x_k 不在这 n 条直线上，因此分母恒不为 0，且 x_k 不是 $x-x_j=0$ 的根，将其代入分子必不为 0，当 $x=x_k$ 时 $A_k(x)=1$。

受此启发，得到一种建立位移模式基本插值函数的几何方法，即欲建立 $N_i(x,y)$，可作一组（m 条）不通过 i 结点而通过其他所有结点的不可约代数

曲(直)线 $F_k(x,y)=0 \quad (k=0,1,2,\cdots,m)$,则

$$N_i(x,y)=\frac{\prod_{k=1}^{m}F_k(x,y)}{\prod_{k=1}^{m}F_k(x_i,y_i)} \quad \text{必满足 } 0-1 \text{ 特性}$$

在得到全部 N_i 后,再检查其是否满足连续性、完备性准则:

连续性要求 N_i 是单值连续函数,代数多项式作为初等函数可以天然满足;

完备性要求 N_i 包含低于二次的完整多项式,对于这一点在此作进一步讨论(以 u 为例):

因为 $u(x,y)=A+Bx+Cy+\cdots$

所以 $u_i(x_i,y_i)=A+Bx_i+Cy_i+\cdots$

代入 $u=\sum_{i=1}^{d}N_iu_i$ 有

$$A+Bx+Cy+\cdots=N_1(A+Bx_1+Cy_1+\cdots)$$
$$+N_2(A+Bx_2+Cy_2+\cdots)+\cdots+N_d(A+Bx_d+Cy_d+\cdots)$$

即 $A+Bx+Cy+\cdots=A\sum_{i=1}^{d}N_i+B(\sum_{i=1}^{d}N_ix_i)+C(\sum_{i=1}^{d}N_iy_i)+\cdots$

显然,欲使上式恒成立,必须

$$\sum_{i=1}^{d}N_i=1 \quad \sum_{i=1}^{d}N_ix_i=x \quad \sum_{i=1}^{d}N_iy_i=y$$

这就是完备性对插值基函数 N_i 提出的具体要求。

下面讨论几类常用的平面单元的位移模式。

1. T 元

(1) T_3 元。

如图 3-5 所示,为求 N_i,作不过 i 点而过 j、m 点的直线,用面积坐标将其表达为 $L_i=0$,因此

$$N_i=\frac{L_i}{[L_i]_i}=\frac{L_i}{1}=L_i$$

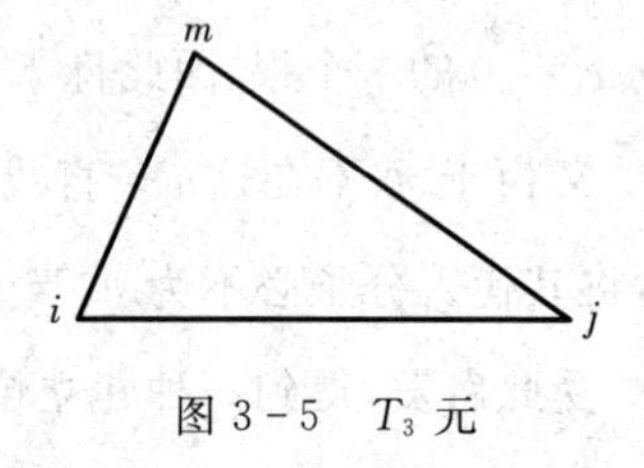

图 3-5 T_3 元

同理 $N_j = L_j, N_m = L_m$；

显然 L_i、L_j、L_m 具有 $0-1$ 特性，

所以 $u = L_i u_i + L_j u_j + L_m u_m$

$v = L_i v_i + L_j v_j + L_m v_m$

在位移模式一节中曾用广义坐标法推导出 T_3 元的插值函数为

$$N_i = \frac{\begin{bmatrix} 1 & x & y \\ 1 & x_j & y_j \\ 1 & x_m & y_m \end{bmatrix}}{\begin{bmatrix} 1 & x_i & y_i \\ 1 & x_j & y_j \\ 1 & x_m & y_m \end{bmatrix}} = \frac{\frac{1}{2}\begin{bmatrix} 1 & x & y \\ 1 & x_j & y_j \\ 1 & x_m & y_m \end{bmatrix}}{\frac{1}{2}\begin{bmatrix} 1 & x_i & y_i \\ 1 & x_j & y_j \\ 1 & x_m & y_m \end{bmatrix}} = \frac{A_i}{A} = L_i(i,j,m)$$

这证明了插值函数的唯一性。

下面检验插值函数的连续性和完备性：

以 $i-j$ 边为例，因为 $i-j$ 边上 $L_m = 0$，所以 $u_{i-j} = L_i u_i + L_j u_j$

它是 L_i、L_j 的线性函数，$i-j$ 边（单元边界）上有两个结点，因而满足连续性要求。

又因为前文得到的面积坐标 → 直角坐标的转换公式：

$$\begin{bmatrix} 1 \\ x \\ y \end{bmatrix} = \begin{bmatrix} 1 & 1 & 1 \\ x_i & x_j & x_m \\ y_i & y_j & y_m \end{bmatrix} \cdot \begin{bmatrix} L_i \\ L_j \\ L_m \end{bmatrix}$$ 或展开为

$$L_i + L_j + L_m = 1$$

$$x = x_i L_i + x_j L_j + x_m L_m$$

$$y = y_i L_i + y_j L_j + y_m L_m$$

也即 $\sum L_i = 1$；$\sum x_i L_i = x$；$\sum y_i L_i = y$

可知满足完备性要求。

最后讨论 T_3 元的误差（精度问题）。

因为位移模式是坐标的一次（线性）函数，即

$$u(x,y) = A + Bx + Cy$$

$$v(x,y)=D+Ex+Fy$$

而应力是位移的一阶导函数：

$$\varepsilon_x=\frac{\partial u}{\partial x}\quad \varepsilon_y=\frac{\partial v}{\partial y}\quad \gamma_{xy}=\frac{\partial v}{\partial x}+\frac{\partial u}{\partial y}$$

所以 T_3 元的应力是坐标的 0 次函数(常数)。

如果将真实的位移和应力函数作 Taylor 展开的话，那么 T_3 元只取其真实位移函数 Taylor 展开式中的前两项 —— 常数项和一次项；只取其真实应力函数 Taylor 展开式中的第一项 —— 常数项。所以，T_3 单元又称作常应变元，可见用其算出的应力数值精度是很低的，相邻单元的应力常常存在突变，甚至异号，这种现象称为应力波动性，所以在进行结果整理时，往往要进行平均处理。

(2) T_6 元。

提高单元的精度主要有以下两个途径：

一是增加结点，所增加的结点又可分为边点和内结点两种；

二是增加结点自由度，对于平面问题每个结点的位移只能是两个，那就要增加其导函数。

T_6 元(图 3-6) 就是属于在 T_3 元上增加边点而成的平面单元，三个增加的边点 (1、2、3) 分别位于各边中点。现在来推导其插值函数：

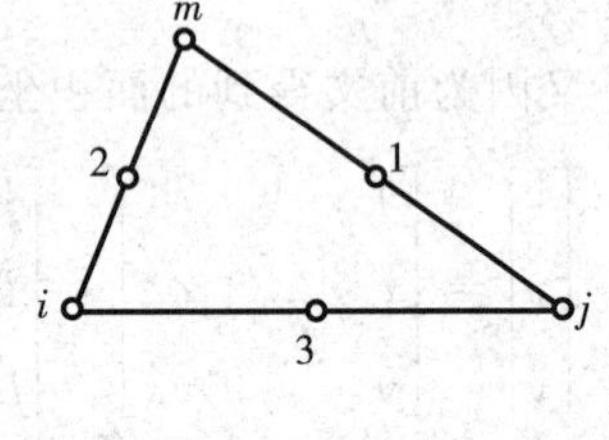

图 3-6　T_6 元

对于角点(以 i 为例) 作 m 条不过 i 点但过其他所有点的不可约直线，显然可作两条(图 3-6)：一条过 m、1、j 点($j-m$ 边)，另一条过 2、3 点，两条直线相互平行，满足不可约要求。它们的面积坐标分别为

$$L_i=0;L_i=\frac{1}{2}，即\ L_i-\frac{1}{2}=0$$

$$所以\ N_i=\frac{L_i(L_i-\frac{1}{2})}{[L_i(L_i-\frac{1}{2})]_i}=\frac{\frac{1}{2}L_i(2L_i-1)}{\frac{1}{2}}=L_i(2L_i-1)$$

同理 $N_j=L_j(2L_j-1)$，$N_m=L_m(2L_m-1)$。

对于边点(以 1 为例),也可作两条不可约直线,分别为 $L_j=0$、$L_m=0$,所以

$$N_1=\frac{L_jL_m}{[L_jL_m]_1}=\frac{L_jL_m}{\frac{1}{2}\times\frac{1}{2}}=4L_jL_m$$

同理 $N_2=4L_mL_i, N_3=4L_iL_j$

显然,它们满足 0－1 特性要求。

检验插值函数的连续性(以 $i-j$ 边为例)

$$u_{i-j}=N_iu_i+N_ju_j+N_mu_m+N_1u_1+N_2u_2+N_3u_3$$

在 $i-j$ 边上 $N_m=0$;$N_1=0$;$N_2=0$

所以 $u_{i-j}=N_iu_i+N_ju_j+N_3u_3=L_i(2L_i-1)u_i+L_j(2L_j-1)u_j+4L_iL_ju_3$

$=(2L_i^2-L_i)u_i+(2L_j^2-L_j)u_j+4L_iL_ju_3$

为坐标的二次函数,而每条边(单元边界)上有三个结点,因此满足连续性要求。

再看插值函数的完备性:

$$\begin{aligned}\sum N_i&=L_i(2L_i-1)+L_j(2L_j-1)+L_m(2L_m-1)+4L_jL_m+4L_mL_i+4L_iL_j\\&=2L_i^2+2L_j^2+2L_m^2+4L_jL_m+4L_mL_i+4L_iL_j-L_i-L_j-L_m\\&=2(L_i+L_j+L_m)^2-(L_i+L_j+L_m)=2\times1-1=1\end{aligned}$$

$$\begin{aligned}\sum N_ix_i=&L_i(2L_i-1)x_i+L_j(2L_j-1)x_j+L_m(2L_m-1)x_m\\&+4L_jL_mx_1+4L_mL_ix_2+4L_iL_jx_3\end{aligned}$$

因为 1、2、3 为各边中点,所以

$$x_1=\frac{x_j+x_m}{2}\quad x_2=\frac{x_m+x_i}{2}\quad x_3=\frac{x_i+x_j}{2}$$

代入上式得

$$\begin{aligned}\sum N_ix_i=&[L_i(2L_i-1)+2L_mL_i+2L_iL_j]x_i+[L_j(2L_j-1)+\\&2L_jL_m+2L_iL_j]x_j+[L_m(2L_m-1)+2L_mL_i+2L_jL_m]x_m\end{aligned}$$

因为 $L_i+L_j+L_m=1$,所以,上式第一个中括号中的

$$L_i(2L_i-1)+2L_mL_i+2L_iL_j$$
$$=2L_i^2-L_i+2L_i(L_m+L_j)$$
$$=2L_i^2-L_i+2L_i(1-L_i)$$
$$=2L_i^2-L_i-2L_i^2+2L_i$$
$$=L_i$$

同理，上式第二个中括号中的 $L_j(2L_j-1)+2L_jL_m+2L_iL_j=L_j$

第三个中括号中的 $L_m(2L_m-1)+2L_mL_i+2L_jL_m=L_m$

代入 $\sum N_ix_i$ 的表达式得 $\sum N_ix_i=\sum L_ix_i=x$，同理，$\sum N_iy_i=\sum L_iy_i=y$ 说明满足完备性条件。

至于 T_6 元的精度，展开后可知它的位移表达式是坐标的完全二次式，如

$$u(x,y)=A+Bx+Cy+Dx^2+Exy+Fy^2$$

因此，采用 T_6 元时，位移是坐标的二次函数，应力是坐标的一次（线性）函数。所以 T_6 元又称作线性应变元，其精度显然要高于 T_3 元。

(3) T_{10} 元。

为提高单元精度，除了增加边点外，还可增加内结点。T_{10} 元就是这样的单元（图 3－7）：

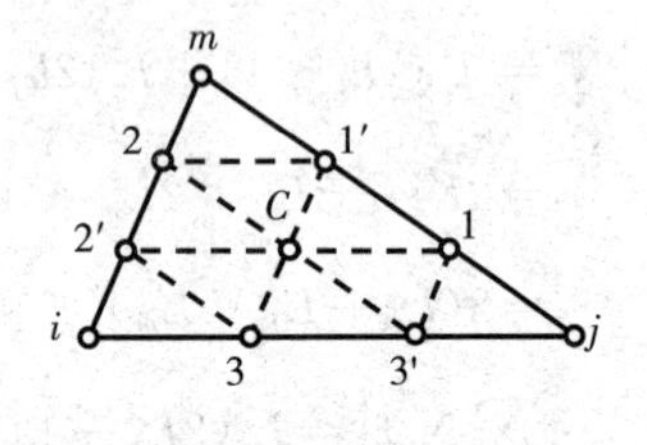

图 3－7　T_{10} 元

每边上两个边点将边长三等分，C 点恰为重心。

对于角点（以 i 为例），可作三条直线通过除 i 点以外的全部结点，它们是 $2'-3$、$2-3'$、$m-j$：

$$N_i=\frac{L_i(L_i-\frac{1}{3})(L_i-\frac{2}{3})}{[L_i(L_i-\frac{1}{3})(L_i-\frac{2}{3})]_i}=\frac{\frac{1}{3}L_i(3L_i-1)(3L_i-2)}{[\frac{1}{3}L_i(3L_i-1)(3L_i-2)]_i}$$

$$=\frac{1}{2}L_i(3L_i-1)(3L_i-2)\quad(i,j,m)$$

对于边点 1，2，3，1′，2′，3′（以 1 为例）可作直线 $i-j$、$i-m$、$3-1'$，

$$N_1=\frac{L_jL_m(L_j-\frac{1}{3})}{[L_jL_m(L_j-\frac{1}{3})]_1}=\frac{\frac{1}{3}L_jL_m(3L_j-1)}{[\frac{1}{3}L_jL_m(3L_j-1)]_1}=\frac{L_jL_m(3L_j-1)}{\frac{2}{3}\times\frac{1}{3}\times 1}$$

$$=\frac{9}{2}L_jL_m(3L_j-1)\quad(1,2,3,1',2',3')$$

对于内结点 C,可作直线 $i-j$、$j-m$、$m-i$,

因此 $N_C=\dfrac{L_iL_jL_m}{[L_iL_jL_m]_C}=\dfrac{L_iL_jL_m}{\frac{1}{3}\times\frac{1}{3}\times\frac{1}{3}}=27L_iL_jL_m$

显然它们满足 $0-1$ 特性。

检验插值函数的连续性(以 $i-j$ 边为例):

因为 $i-j$ 边上 $L_m=0$,所以 $N_m=0$、$N_1=0$、$N_2=0$、$N_{1'}=0$、$N_{2'}=0$、$N_C=0$;

因此 $u_{i-j}=N_iu_i+N_ju_j+N_3u_3+N_{3'}u_{3'}$

$$=\frac{1}{2}L_i(3L_i-1)(3L_i-2)u_i+\frac{1}{2}L_j(3L_j-1)(3L_j-2)u_j$$

$$+\frac{9}{2}L_iL_j(3L_i-1)u_3+\frac{9}{2}L_iL_j(3L_j-1)u_{3'}$$

是坐标的三次函数,而每边(单元边界)有四个结点,因此满足连续性要求。

再看插值函数的完备性:

$$\sum N_i=\frac{1}{2}L_i(3L_i-1)(3L_i-2)+\frac{1}{2}L_j(3L_j-1)(3L_j-2)$$

$$+\frac{1}{2}L_m(3L_m-1)(3L_m-2)+\frac{9}{2}L_jL_m(3L_j-1)$$

$$+\frac{9}{2}L_mL_i(3L_m-1)+\frac{9}{2}L_iL_j(3L_i-1)+\frac{9}{2}L_jL_m(3L_m-1)$$

$$+\frac{9}{2}L_iL_m(3L_i-1)+\frac{9}{2}L_iL_j(3L_j-1)+27L_iL_jL_m$$

展开、整理后得(此处略去中间步骤)

$$\sum N_i=\frac{9}{2}(L_i+L_j+L_m)^3-\frac{9}{2}(L_i+L_j+L_m)^2+(L_i+L_j+L_m)=$$

$$\frac{9}{2}-\frac{9}{2}+1=1$$

$$\sum N_i x_i=\frac{1}{2}L_i(3L_i-1)(3L_i-2)x_i+\frac{1}{2}L_j(3L_j-1)(3L_j-2)x_j$$

$$+\frac{1}{2}L_m(3L_m-1)(3L_m-2)x_m+\frac{9}{2}L_jL_m(3L_j-1)x_1$$

$$+\frac{9}{2}L_mL_i(3L_m-1)x_2+\frac{9}{2}L_iL_j(3L_i-1)x_3+\frac{9}{2}L_jL_m(3L_m-1)x_{1'}$$

$$+\frac{9}{2}L_iL_m(3L_i-1)x_{2'}+\frac{9}{2}L_iL_j(3L_j-1)x_{3'}+27L_iL_jL_mx_C$$

将 $x_1=x_j+\frac{1}{3}(x_m-x_j)=\frac{2}{3}x_j+\frac{1}{3}x_m$、$x_2=x_m+\frac{1}{3}(x_i-x_m)=\frac{2}{3}x_m+\frac{1}{3}x_i$、$x_3=\frac{2}{3}x_i+\frac{1}{3}x_j$、$x_{1'}=x_j+\frac{2}{3}(x_m-x_j)=\frac{1}{3}x_j+\frac{2}{3}x_m$、$x_{2'}=\frac{1}{3}x_m+\frac{2}{3}x_i$、$x_{3'}=\frac{1}{3}x_i+\frac{2}{3}x_j$、$x_C=\frac{x_2+x_{3'}}{2}=\frac{\frac{2}{3}x_m+\frac{1}{3}x_i+\frac{1}{3}x_i+\frac{2}{3}x_j}{2}=\frac{1}{3}x_i+\frac{1}{3}x_j+\frac{1}{3}x_m$ 以及 $L_i+L_j+L_m=1$ 代入上式，展开、整理(此处略去中间步骤)：

所有与 x_i 相乘项的系数相加整理后得

$$-\frac{9}{2}L_i^3+9L_i^2+\frac{9}{2}L_i-\frac{9}{2}L_i^2-\frac{9}{2}L_i^2+\frac{9}{2}L_i^3-\frac{9}{2}L_i+L_i=L_i$$

同理，所有与 x_j 相乘项的系数相加整理后等于 L_j；

所有与 x_m 相乘项的系数相加整理后等于 L_m。

因此，$\sum N_i x_i=\sum L_i x_i=x$，同理，$\sum N_i y_i=\sum L_i y_i=y$，说明满足完备性条件。

至于 T_{10} 元的精度，其位移表达式展开后可知是坐标的完全三次式，如

$$u(x,y)=A+Bx+Cy+Dx^2+Exy+Fy^2+Gx^3+Hx^2y+Ixy^2+Jy^3$$

因此，采用 T_{10} 元时，位移是坐标的三次函数，应力是坐标的二次函数，其精度显然更高于 T_6 元。

但是，在引入内结点后会出现一个新问题，即在组装整体刚阵进行整体

平衡时,如何处置内结点。

整体平衡是在各单元相互联结的结点上进行的。内结点不与其他单元相连,似乎在整体平衡中派不上用场,那么,能否将其弃之不顾? 不能。因为单元平衡方程是一个整体,与内结点有关的信息是单元平衡所不可缺少的。

处置内结点时要做到:既要让内结点不参与整体平衡,又要不丢失内结点的有关信息,那就需要进行等效处理,即在完成单元分析建立单元平衡方程$[k]\{\delta\}^e=\{f\}^e$后、进行整体平衡分析建立整体刚阵前,进行自由度凝聚,其实质是进行单元平衡方程的部分消元。具体做法举例如下:

将单元位移中与外结点(角点、边点)有关的位移记为$\{\delta_1\}^e$、与内结点有关的位移记为$\{\delta_2\}^e$,则

$$\{\delta\}^e=\begin{vmatrix}\delta_1\\\delta_2\end{vmatrix}^e$$

这是一个分块处理。

对单元刚阵和结点载荷列向量也作相应的分块处理,即

$$[k]\{\delta\}^e=\begin{vmatrix}[k_{11}] & [k_{12}]\\ [k_{21}] & [k_{22}]\end{vmatrix}\cdot\begin{vmatrix}\delta_1\\\delta_2\end{vmatrix}^e$$

展开得　$[k_{11}]\{\delta_1\}^e+[k_{12}]\{\delta_2\}^e=\{f_1\}^e$

$$[k_{21}]\{\delta_1\}^e+[k_{22}]\{\delta_2\}^e=\{f_2\}^e$$

由第二式解出

$$[k_{22}]\{\delta_2\}^e=\{f_2\}^e-[k_{21}]\{\delta_1\}^e$$

$$\{\delta_2\}^e=[k_{22}]^{-1}\{f_2\}^e-[k_{22}]^{-1}[k_{21}]\{\delta_1\}^e$$

代入第一式得

$$[k_{11}]\{\delta_1\}^e+[k_{12}][k_{22}]^{-1}\{f_2\}^e-[k_{12}][k_{22}]^{-1}[k_{21}]\{\delta_1\}^e=\{f_1\}^e$$

整理得$([k_{11}]-[k_{12}][k_{22}]^{-1}[k_{21}])\{\delta_1\}^e=\{f_1\}^e-[k_{12}][k_{22}]^{-1}\{f_2\}^e$

令$[k_{11}]-[k_{12}][k_{22}]^{-1}[k_{21}]=[\tilde{k}]$、$\{f_1\}^e-[k_{12}][k_{22}]^{-1}\{f_2\}^e=\{\tilde{f}\}^e$

从而得到凝聚(消元)后的等效单元平衡方程

$$[\tilde{k}]\{\delta_1\}^e=\{\tilde{f}\}^e$$

以此式参加整体平衡。

需要指出的是，对大型结构进行有限元分析时，一种常用的方法是子结构法，它的思路是将整个结构分为若干较小的、互不重叠的部分，每个部分称为子结构。进行有限元网格划分后，所有的结点可分为两类：一类是位于各子结构交界面上的结点，称为边界点；另一类是处于子结构内部的点，称为内点。分别建立各子结构平衡方程后，通过凝聚消去内点，然后将每一个子结构看成一个“超单元”进行整体分析，求出边界点位移，再由边界点位移反求出各子结构内点位移。利用子结构法不仅可以解决大型结构有限元分析与计算机容量之间的矛盾，而且可以实现在不同地方对一大型结构同时进行设计，例如一架大型飞机，可能机身在一个国家设计而机翼却在另一个国家同时设计。

2. R 元

(1) R_4 元。

如图 3-8 所示，为求 N_i，过除 i 点以外的所有点作直线 $p-m$、$m-j$。

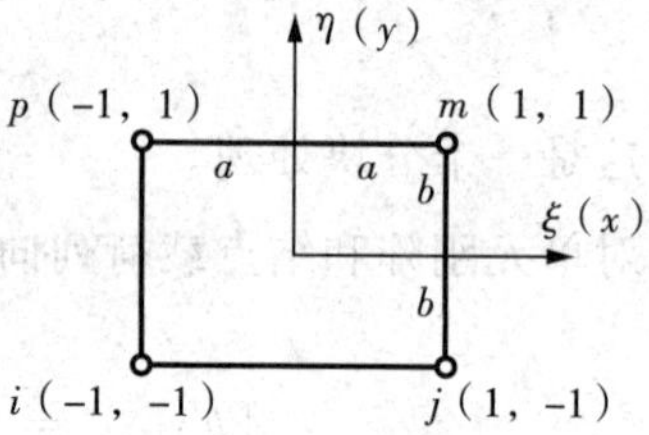

图 3-8　R_4 元

$p-m$：$\eta=1$　即 $\eta-1=0$

$m-j$：$\xi=1$　即 $\xi-1=0$

因此 $N_i=\dfrac{(\eta-1)(\xi-1)}{[(\eta-1)(\xi-1)]_i}=\dfrac{(\eta-1)(\xi-1)}{(-1-1)(-1-1)}=\dfrac{1}{4}(\eta-1)(\xi-1)$

同理求得 $N_j=-\dfrac{1}{4}(\eta-1)(\xi+1)$

$$N_m=\frac{1}{4}(\eta+1)(\xi+1)$$

$$N_p=-\frac{1}{4}(\eta+1)(\xi-1)$$

显然具备 0－1 特性。

检验其连续性（以 $i-j$ 边为例）：

因为在 $i-j$ 边上 $\eta=-1$，所以 $N_m=0$、$N_p=0$

$$u_{i-j}=N_iu_i+N_ju_j=\frac{1}{4}(\eta-1)(\xi-1)u_i-\frac{1}{4}(\eta-1)(\xi+1)u_j$$

$$=-\frac{1}{2}(\xi-1)u_i+\frac{1}{2}(\xi+1)u_j$$

显然是坐标的线性函数，而每条边上有两个结点，满足连续性要求。

再看其完备性：

$$\sum N_i=\frac{1}{4}[(\eta-1)(\xi-1)-(\eta-1)(\xi+1)+(\eta+1)(\xi+1)$$

$$-(\eta+1)(\xi-1)]$$

$$=\frac{1}{4}[-2(\eta-1)+2(\eta+1)]=1$$

$$\sum N_i x_i=\frac{1}{4}[(\eta-1)(\xi-1)x_i-(\eta-1)(\xi+1)x_j$$

$$+(\eta+1)(\xi+1)x_m-(\eta+1)(\xi-1)x_p]$$

将 $x_i=-a$、$x_j=a$、$x_m=a$、$x_p=-a$ 代入得

$$\sum N_i x_i=\frac{a}{4}[-(\eta-1)(\xi-1)-(\eta-1)(\xi+1)+(\eta+1)(\xi+1)$$

$$+(\eta+1)(\xi-1)]$$

$$=\frac{a}{4}[2(\xi-1)+2(\xi+1)]$$

$$=a\cdot\xi$$

$$=a\cdot\frac{x}{a}$$

$$=x$$

同理可证得 $\sum N_i y_i=y$

说明满足完备性准则。

关于 R_4 元的精度：

从 $N_i=\frac{1}{4}(\eta-1)(\xi-1)=\frac{1}{4}(\eta\xi-\eta-\xi+1)$ 可知

$$u(\xi,\eta)=A+B\xi+C\eta+D\xi\eta$$

与真实位移函数的 Taylor 展开式比较，R_4 元缺少 ξ^2、η^2 以及二次以上的各项，可知其精度比线性函数应变元高，又比二次应变元低，因此其精度介

于 T_3 元和 T_6 元之间。由于其插值函数从形式上看是分别关于 ξ、η 的两个线性函数的乘积，因此 R_4 元又称为双线性单元。

(2)R_8 元。

为提高单元精度，增加结点是一个主要途径，R_8 元(图 3-9)就是在 R_4 元基础上增加边点得到的。

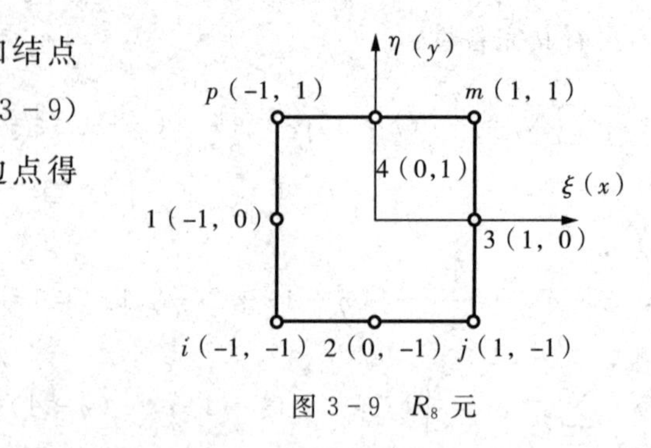

图 3-9　R_8 元

为求 N_i 作

$p-m:\eta-1=0$

$m-j:\xi-1=0$

$1-2:\xi+\eta+1=0$

因此

$$N_i=\frac{(\xi-1)(\eta-1)(\xi+\eta+1)}{(-2)\times(-2)\times(-1)}=-\frac{1}{4}(\xi-1)(\eta-1)(\xi+\eta+1)$$

同理

$$N_j=\frac{1}{4}(\xi+1)(\eta-1)(-\xi+\eta+1)$$

$$N_m=\frac{1}{4}(\xi+1)(\eta+1)(\xi+\eta-1)$$

$$N_p=\frac{1}{4}(\xi-1)(\eta+1)(\xi-\eta+1)$$

对 N_1 作 $p-m:\eta-1=0$

$m-j:\xi-1=0$

$i-j:\eta+1=0$

因此

$$N_1=\frac{(\xi-1)(\eta+1)(\eta-1)}{(-2)\times1\times(-1)}=-\frac{1}{2}(\xi-1)(\eta+1)(\eta-1)$$

同理

$$N_2=\frac{1}{2}(\xi-1)(\xi+1)(\eta-1)$$

$$N_3 = -\frac{1}{2}(\xi+1)(\eta+1)(\eta-1)$$

$$N_4 = -\frac{1}{2}(\xi+1)(\xi-1)(\eta+1)$$

这样构造出的 N 显然具有 $0-1$ 特性。

检验其连续性(以 $i-j$ 边为例)：

因为在 $i-j$ 边上 $\eta=-1$,所以

$$\begin{aligned} u_{i-j} &= N_i u_i + N_j u_j + N_2 u_2 \\ &= \frac{1}{2}\xi(\xi-1)u_i + \frac{1}{2}\xi(\xi+1)u_j - (\xi-1)(\xi+1)u_2 \\ &= \frac{1}{2}(\xi^2-\xi)u_i + \frac{1}{2}(\xi^2+\xi)u_j - (\xi^2-1)u_2 \end{aligned}$$

是坐标的二次函数,而每条边上有三个结点,满足连续性条件。

再看其完备性：

$$\begin{aligned} \sum N_i = & \frac{1}{4}[-(\xi-1)(\eta-1)(\xi+\eta+1) + (\xi+1)(\eta-1)(-\xi+\eta+1) \\ & + (\xi+1)(\eta+1)(\xi+\eta-1) + (\xi-1)(\eta+1)(\xi-\eta+1)] \\ & + \frac{1}{2}[(\xi-1)(\eta+1)(\eta-1) + (\xi-1)(\xi+1)(\eta-1) \\ & - (\xi+1)(\eta+1)(\eta-1) - (\xi+1)(\xi-1)(\eta+1)] \end{aligned}$$

展开、整理后得(此处略去中间步骤)

$$\sum N_i = \frac{1}{2}(2\eta^2 - 2 + 2\xi^2 - 2\eta^2 - 2\xi^2 + 4) = 1$$

$$\begin{aligned} \sum N_i x_i = & \frac{1}{4}[-(\xi-1)(\eta-1)(\xi+\eta+1)x_i + (\xi+1)(\eta-1)(-\xi+\eta+1)x_j \\ & + (\xi+1)(\eta+1)(\xi+\eta-1)x_m + (\xi-1)(\eta+1)(\xi-\eta+1)x_p] \\ & + \frac{1}{2}[(\xi-1)(\eta+1)(\eta-1)x_1 + (\xi-1)(\xi+1)(\eta-1)x_2 \\ & - (\xi+1)(\eta+1)(\eta-1)x_3 - (\xi+1)(\xi-1)(\eta+1)x_4] \end{aligned}$$

将 x_i、x_p、$x_1=-a$；x_2、$x_4=0$；x_j、x_m、$x_3=a$ 代入、整理后得(此处略去中

间步骤）

$$\sum N_i x_i = a\xi\eta^2 - a\xi\eta^2 + a\xi = a\xi = a \cdot \frac{x}{a} = x$$

同理可证得 $$\sum N_i y_i = y$$

说明满足完备性准则。

关于 R_8 元的精度：

由 $N_i = -\frac{1}{4}(\xi-1)(\eta-1)(\xi+\eta+1) = -\frac{1}{4}(\xi^2\eta+\xi\eta^2-\xi^2-\xi\eta-\eta^2-\xi+1)$

$N_1 = \frac{1}{2}(\xi-1)(\eta+1)(\eta-1) = \frac{1}{2}(\xi\eta^2-\xi-\eta^2+1)$ 可推知：

$u(\xi,\eta)$ 将含有常数项、一次项（ξ、η）、二次项（ξ^2、$\xi\eta$、η^2）以及三次项（$\xi^2\eta$、$\xi\eta^2$），显然其精度要比双线性单元高，但还达不到双二次元的精度。所谓双二次元是指其插值函数具有下述形式：

$$\begin{aligned} f(x,y) &= (a+bx+cx^2)(d+ey+fy^2) \\ &= ad+bdx+cdx^2+aey+bexy+cex^2y+afy^2+bfxy^2+cfx^2y^2 \end{aligned}$$

从广义坐标法（待定系数法）的原理可知，欲构造双二次元的位移模式需要九个结点的信息，而 R_8 元只有 8 个结点，因而它比双二次元少了 $\xi^2\eta^2$ 项。下面要讲的 R_9 元就是双二次元。

(3) R_9 元。

R_9 元（图 3－10）是在 R_8 元的基础上增加了位于中心的一个内结点得到的。

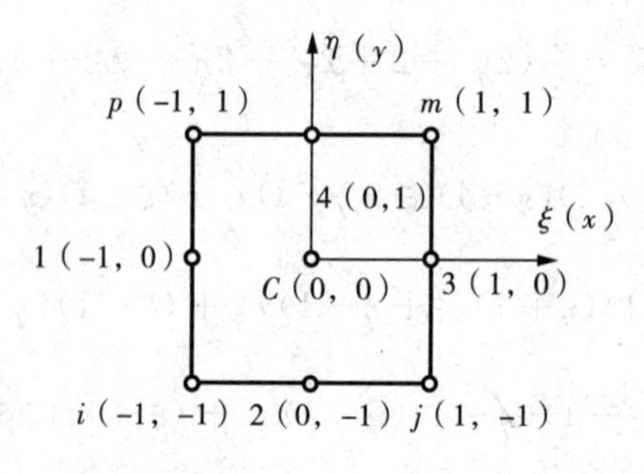

图 3－10　R_9 元

为求 N_i，取 $p-m$：$\eta-1=0$；$m-j$：$\xi-1=0$；$1-3$：$\eta=0$；$2-4$：$\xi=0$，因此

$$N_i=\frac{\xi\eta(\xi-1)(\eta-1)}{(-1)\times(-1)\times(-2)\times(-2)}=\frac{1}{4}\xi\eta(\xi-1)(\eta-1)$$

同理$N_j=\frac{1}{4}\xi\eta(\xi+1)(\eta-1)$

$$N_m=\frac{1}{4}\xi\eta(\xi+1)(\eta+1)$$

$$N_p=\frac{1}{4}\xi\eta(\xi-1)(\eta+1)$$

$$N_1=\frac{\xi(\xi-1)(\eta-1)(\eta+1)}{(-1)\times(-2)\times(-1)\times 1}=-\frac{1}{2}\xi(\xi-1)(\eta+1)(\eta-1)$$

同理$N_2=-\frac{1}{2}\eta(\eta-1)(\xi+1)(\xi-1)$

$$N_3=-\frac{1}{2}\xi(\xi+1)(\eta+1)(\eta-1)$$

$$N_4=-\frac{1}{2}\eta(\eta+1)(\xi+1)(\xi-1)$$

而 $N_C=\frac{(\xi+1)(\xi-1)(\eta+1)(\eta-1)}{1\times(-1)\times 1\times(-1)}=(\xi+1)(\xi-1)(\eta+1)(\eta-1)$

显然，它们均具有 $0-1$ 特性。

检验其连续性(以 $i-j$ 边为例)：

因为在 $i-j$ 边上 $\eta=-1$，所以

$$\begin{aligned}u_{i-j}&=N_iu_i+N_ju_j+N_2u_2\\&=\frac{1}{2}\xi(\xi-1)u_i+\frac{1}{2}\xi(\xi+1)u_j-(\xi+1)(\xi-1)u_2\\&=\frac{1}{2}(\xi^2-\xi)u_i+\frac{1}{2}(\xi^2+\xi)u_j-(\xi^2-1)u_2\end{aligned}$$

显然是坐标 ξ 的二次函数，而每边均有三个结点，满足连续性要求。

再看其完备性：

$$\begin{aligned}\sum N_i=&\frac{1}{4}\xi\eta[(\xi-1)(\eta-1)+(\xi+1)(\eta-1)+(\xi+1)(\eta+1)\\&+(\xi-1)(\eta+1)]-\frac{1}{2}\xi(\eta-1)(\eta+1)[(\xi-1)+(\xi+1)]\\&-\frac{1}{2}\eta(\xi+1)(\xi-1)[(\eta-1)+(\eta+1)]+(\xi+1)(\xi-1)(\eta+1)(\eta-1)\end{aligned}$$

展开、整理后得(此处略去中间步骤)

$$\sum N_i = \xi^2\eta^2 - \xi^2\eta^2 + \xi^2 - \xi^2\eta^2 + \eta^2 + \xi^2\eta^2 - \xi^2 - \eta^2 + 1 = 1$$

$$\begin{aligned}\sum N_i x_i = & \frac{1}{4}\xi\eta[(\xi-1)(\eta-1)x_i + (\xi+1)(\eta-1)x_j + (\xi+1)(\eta+1)x_m \\ & + (\xi-1)(\eta+1)x_p] - \frac{1}{2}\xi(\eta-1)(\eta+1)[(\xi-1)x_1 + (\xi+1)x_3] \\ & - \frac{1}{2}\eta(\xi+1)(\xi-1)[(\eta-1)x_2 + (\eta+1)x_4] \\ & + (\xi+1)(\xi-1)(\eta+1)(\eta-1)x_C\end{aligned}$$

将 x_i、x_p、$x_1 = -a$;x_2、x_C、$x_4 = 0$;x_j、x_m、$x_3 = a$ 代入、整理后得(此处略去中间步骤)

$$\sum N_i x_i = a\xi\eta^2 - a\xi\eta^2 + a\xi = a\xi = a \cdot \frac{x}{a} = x$$

同理可证得 $\sum N_i y_i = y$

说明满足完备性准则。

R_9 元由于和 T_{10} 元一样引入了内结点,所以在建立整体刚阵之前也要对单元刚阵进行静态凝聚处理。

最后将前面讨论过的六种平面单元的精度作比较(表 3-1)。

表 3-1　六种平面单元的精度比较

单元名称	单元性质	位移函数形式(以 u 为例)
T_3	常应变单元	$u(x,y) = A + Bx + Cy$
R_4	双线性单元	$u(\xi,\eta) = A + B\xi + C\eta + D\xi\eta$
T_6	线性应变单元	$u(x,y) = A + Bx + Cy + Dx^2 + Exy + Fy^2$
R_8		$u(\xi,\eta) = A + B\xi + C\xi^2 + D\eta + E\xi\eta + F\xi^2\eta + G\eta^2 + H\xi\eta^2$
R_9	双二次单元	$u(\xi,\eta) = A + B\xi + C\xi^2 + D\eta + E\xi\eta + F\xi^2\eta + G\eta^2 + H\xi\eta^2 + I\xi^2\eta^2$
T_{10}		$u(x,y) = A + Bx + Cy + Dx^2 + Exy + Fy^2 + Gx^3 + Hx^2y + Ixy^2 + Jy^3$

3. 参数元

前文提到就精度而言，R 元 $>$ T 元，但就曲线边界适应性来说，T 元 $>$ R 元。能不能开发一种边界可以是斜线甚至是曲线的四边形单元，既能获得较高的精度，又能获得较好的曲线边界适应性？这就涉及又一类单元——参数元。

位移模式是有限元分析的出发点，那么参数元的位移模式如何构造？能不能将 R 元的位移模式直接拿过来用？简单地试一试就可以发现这种方法是不行的。例如，对于直边任意四边形，其任一条边的 x、y 之间有 $y=A'x+B'$，如果采用四结点（双线性）单元，则

$$u(x,y)=A+Bx+Cy+Dxy$$

将 $y=A'x+B'$ 代入得

$$\begin{aligned}u(x,y)&=A+Bx+C(A'x+B')+Dx(A'x+B')\\&=(A+CB')+(B+CA'+DB')x+DA'x^2\end{aligned}$$

显然这是坐标 x 的二次函数，而任一边却只有两个结点，可见不满足连续性条件，因此必须另想办法，尝试进行图形变换——通过一个函数将 $x-y$ 平面上的任意四边形转换成 $\xi-\eta$ 平面上的矩形（图 3-11）。

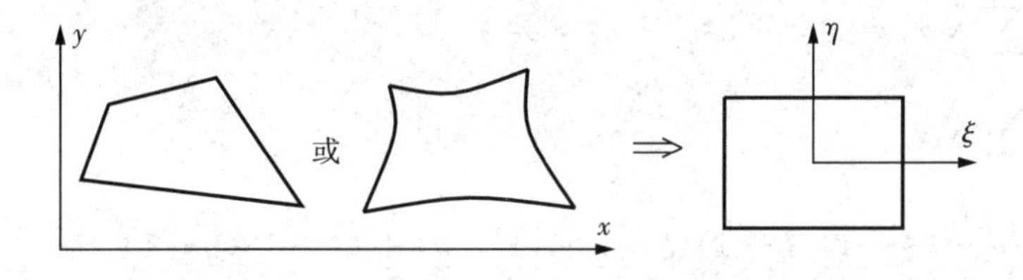

图 3-11　将 $x-y$ 平面上的任意四边形转换成 $\xi-\eta$ 平面上的矩形

以什么函数作为工具可以实现这一映射？人们发现还是需要用插值函数来解决（例如：直边任意四边形可用 R_4 位移模式，曲边任意四边形可用 R_8 或更高位移模式）。通过前面的推导得知：R 元的插值函数满足

$$\sum N_i x_i=x \quad \sum N_i y_i=y$$

而 N_i 是 ξ、η 的函数。因此，这本身就是一个映射——将 x、y 转换成 ξ、

η，或将ξ、η转换成x、y，即将x、y代入上式可求出对应的ξ、η；将ξ、η代入上式可求出对应的x、y。可举例进行简单验证：用R_8位移模式将$x-y$平面上的曲边四边形映射成$\xi-\eta$平面上的正方形(图3-12)：

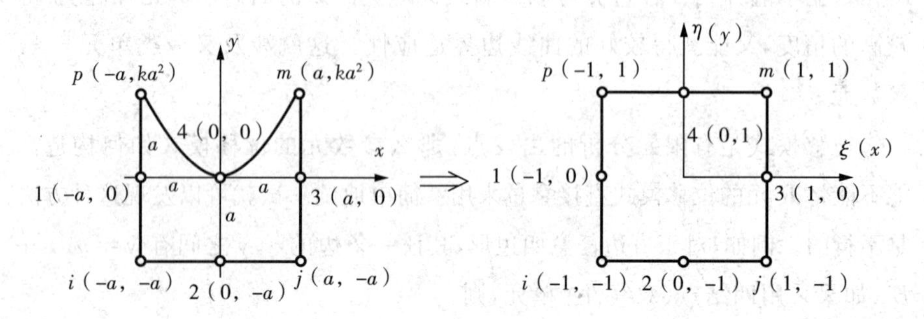

图3-12　将$x-y$平面上的曲边四边形映射成$\xi-\eta$平面上的正方形

$p-m$边为曲线$y=kx^2$

$$x=\sum N_i x_i=\frac{1}{4}[-(\xi-1)(\eta-1)(\xi+\eta+1)(-a)$$
$$+(\xi+1)(\eta-1)(-\xi+\eta+1)a+(\xi+1)(\eta+1)(\xi+\eta-1)a$$
$$+(\xi-1)(\eta+1)(\xi-\eta+1)(-a)]$$
$$+\frac{1}{2}[(\xi-1)(\eta+1)(\eta-1)(-a)-(\xi+1)(\eta+1)(\eta-1)a]$$

展开、整理后得(此处略去中间步骤)

$$x=\sum N_i x_i=a\xi\eta^2-a\xi\eta^2+a\xi=a\xi$$

$$y=\sum N_i y_i$$

$$=\frac{1}{4}[-(\xi-1)(\eta-1)(\xi+\eta+1)(-a)+(\xi+1)(\eta-1)$$

$$(-\xi+\eta+1)(-a)+(\xi+1)(\eta+1)(\xi+\eta-1)ka^2+(\xi-1)(\eta+1)$$

$$(\xi-\eta+1)ka^2]+\frac{1}{2}(\xi-1)(\xi+1)(\eta-1)(-a)$$

展开、整理后得(此处略去中间步骤)

$$y=\sum N_i y_i=-\frac{a}{2}\eta(\eta-1)+\frac{ka^2}{2}(\eta+1)(\xi^2+\eta-1)$$

由$x=a\xi$求出ξ。如将m点的x坐标$x=a$代入，求得$\xi=1$。

将m点的y坐标$y=ka^2$和$\xi=1$代入$y=-\frac{a}{2}\eta(\eta-1)+\frac{ka^2}{2}(\eta+1)(\xi^2+\eta-1)$得

$$-\frac{a}{2}\eta(\eta-1)+\frac{ka^2}{2}(\eta+1)\eta=ka^2$$

整理得$(ka-1)\eta^2+(ka+1)\eta-2ka=0$,解得$\eta=1$

各结点的影射结果见表3-2。

表3-2　各结点的映射结果

结点编号	$x-y$平面坐标		$\xi-\eta$平面坐标	
	x	y	ξ	η
i	$-a$	$-a$	-1	-1
j	a	$-a$	1	-1
m	a	ka^2	1	1
p	$-a$	ka^2	-1	1
1	$-a$	0	-1	0
2	0	$-a$	0	-1
3	a	0	1	0
4	0	0	0	-1

实现了将$x-y$平面上的曲边四边形映射成$\xi-\eta$平面上的正方形。

将$x-y$平面上的单元映射到$\xi-\eta$平面上以后,就在$\xi-\eta$平面上进行单元分析、整体分析,算出各点位移、应力等信息。

在对$\xi-\eta$平面上单元进行分析时,当然还要选用位移模式,这时选用的插值函数可以与图形变换时的插值函数一样,也可以不一样。如果选用一样的插值函数,则称之为等参数单元(简称等参元、Q元);如果选用的位移插值函数与图形变换的插值函数不一样,当图形变换的插值函数比位移插值函数阶次低时称为亚参数单元或次参数单元(简称次参元);当图形变换的插值函数比位移插值函数阶次高时称为超参数单元(简称超参元)。

还有一个问题就是在对$\xi-\eta$平面上单元进行分析时,将涉及求导、积分时的坐标转换,需要用到雅可比矩阵,这是纯粹的数学处理问题,可以通过阅读相关资料来掌握。

§3-6 应用实例——基于LS-DYNA的电动汽车正面碰撞仿真研究

依照中国新车评价规程 C-NCAP(China-New Car Assessment Program),汽车的碰撞安全性评估包括100%正面碰撞,40%正面偏置碰撞和侧面碰撞。根据美国的一份统计资料显示,正面碰撞的发生概率约为40%,其中100%正面碰撞概率约为16%,如图3-13所示。日本的一份统计数据显示,日本每年死于正面碰撞的人数约占交通事故总死亡人数的71.6%,其中死于100%正面碰撞的人数约占交通事故总死亡人数的48.2%,如图3-14所示。在我国,死于正面碰撞事故的人数最多。由此可见,正面碰撞的危险系数大,对驾乘人员的人身安全造成巨大的威胁。因此,各国碰撞试验把正面碰撞形式作为主要研究对象。研究汽车正面碰撞的耐撞性对降低交通事故死亡人数意义重大。

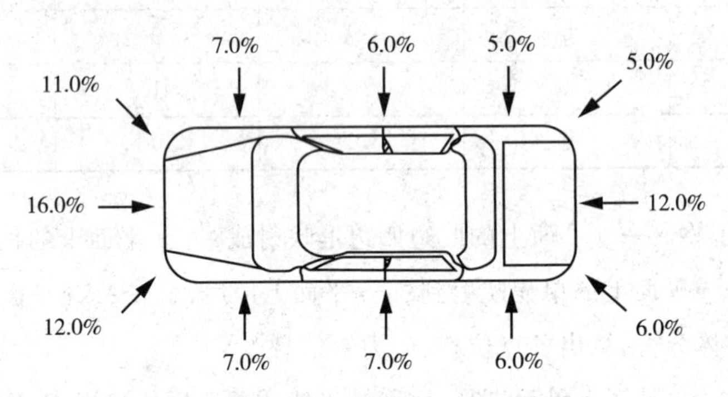

图3-13 美国交通碰撞事故的概率分布

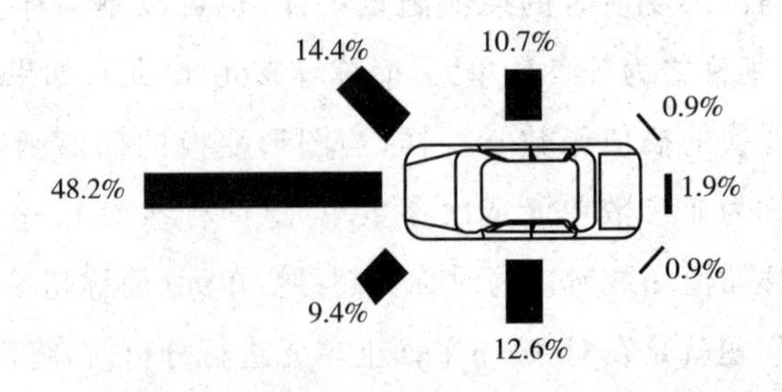

图3-14 日本交通事故不同撞击部位死亡人数分布

汽车的碰撞安全性研究有两种方法：一种是实车碰撞试验即试验法，另一种是通过计算机模拟汽车碰撞过程即计算机仿真法。早期由于计算机水平落后，对汽车碰撞安全性的研究主要采用实车碰撞试验的方法，该方法虽然贴近真实，可靠性高，但对场地设备的要求高，投入大，成本高，危险系数大，且可重复性差。计算机仿真法弥补了试验法的不足，具有快速、逼真、安全、成本低、可重复等一系列优点。在现代汽车设计过程中，计算机仿真法常常作为试验法必不可少的补充，特别在前期设计阶段发挥了重要作用。

本文进行碰撞有限元分析的电动汽车属于纯电动轻型车（图 3-15），采用两轴形式，中间没有传动轴，结构简单，使整车质量得到减轻，电机位于汽车的后部，布置形式为后置后驱。车身骨架材料采用铝合金，有利于实现整车轻量化。

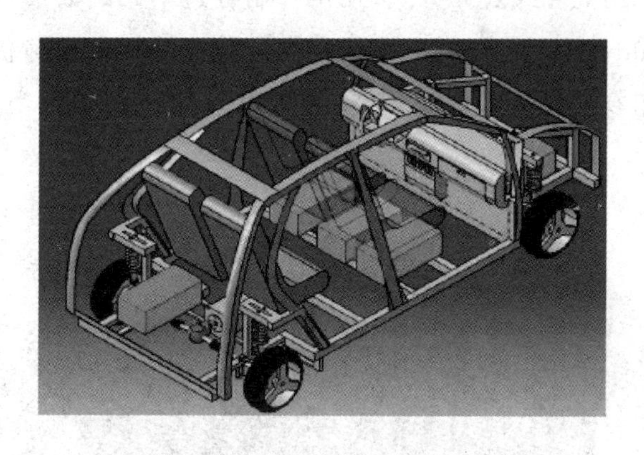

图 3-15　整车三维模型

在对电动汽车碰撞进行有限元分析前需要对模型进行适当的简化，主要是针对一些对耐撞性能没有影响或影响不大的局部结构作适当简化，如忽略模型中的电机、电池控制系统、转向系统、悬架和座椅等。另外对模型中一些对分析结果影响不大的不规则形状作适当的处理以保证划分网格时得到高质量的网格，如删除一些倒圆、倒角和圆孔等。处理后的几何模型如图 3-16 所示。

为了保证计算的精度并控制计算时间，参考相关资料，单元尺寸设置为 10mm×10mm。二维单元形状选择四边形单元，三维单元形状选择六面体单元，避免使用三角形、四面体和棱柱单元，这样有利于求解的稳定性。二

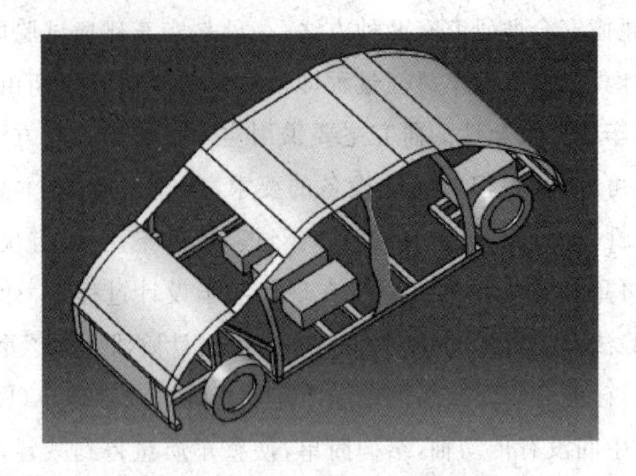

图 3-16　处理后的几何模型

维网格划分采用交互式划分方式，便于控制各边单元的数量。消除重复单元后通过 Count 面板计算单元数，单元数为 108762 个。碰撞仿真有限元模型和电动汽车有限元模型如图 3-17 和图 3-18 所示。

图 3-17　碰撞仿真有限元模型

图 3-18　电动汽车有限元模型

电动汽车正面碰撞过程中的一些阶段性变形图如图 3 - 19 所示。

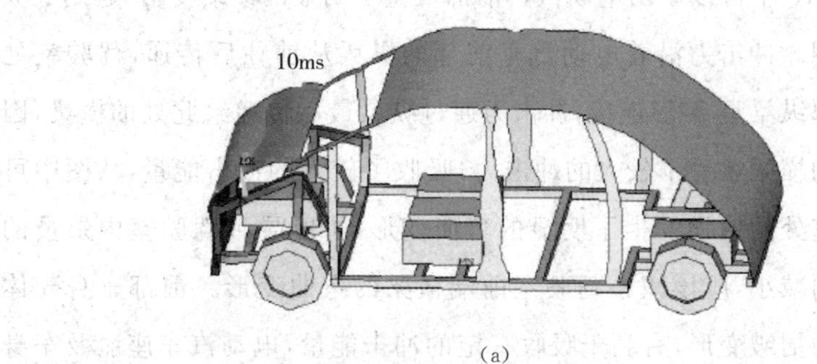

(a)

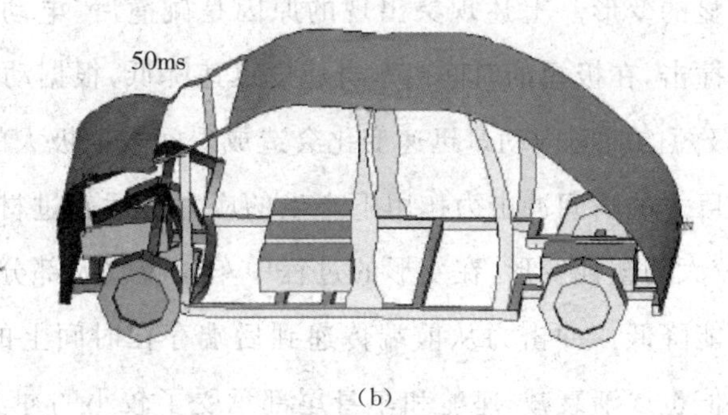

(b)

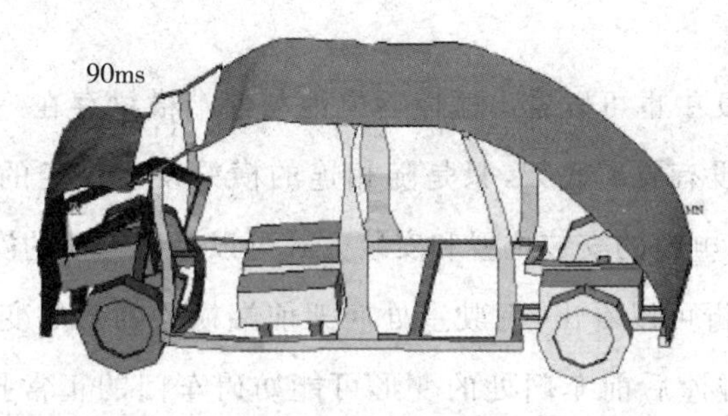

(c)

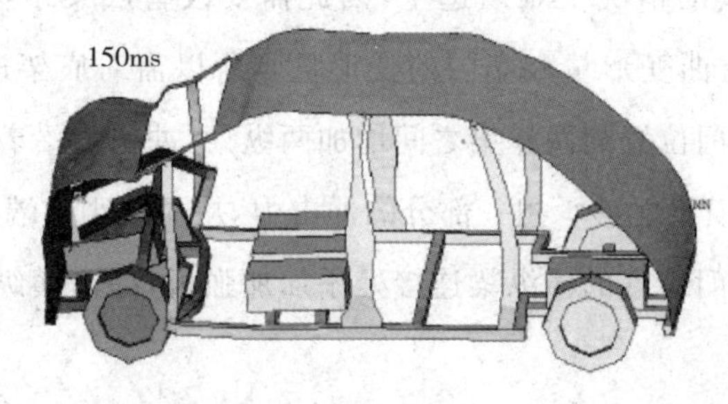

(d)

图 3 - 19　电动汽车正面碰撞过程中的一些阶段性变形图

从图 3-19 中可以看出电动汽车前部发生了明显的溃缩变形，起到了吸收能量的作用。冲击力沿着电动汽车前部的纵梁从前往后传递，驾驶室处的横梁与前部纵梁呈 T 形连接，冲击力通过纵梁最后传递给此处的横梁，因此驾驶室处的横梁承受了较大的冲击力，吸收了较大的冲击能量，从图中可以看出驾驶室处的横梁发生了明显的弯曲变形，可能导致驾驶室内乘员的安全生存空间减小，应该减小驾驶室前端横梁的弯曲变形。前部车身壳体产生了明显的褶皱变形，有利于吸收一定的冲击能量，电动汽车座舱及车身尾部未发生明显的变形。上述现象出现的原因是碰撞后，电动汽车前部最先受到猛烈的撞击，在极短的时间内车身速度迅速降低，根据动量定理 $Ft=m\Delta v$ 可知，在极短的时间内动量迅速变化会造成瞬间数值极大的冲击力，电动汽车前端在巨大的瞬间冲击力作用下产生的应力远远超过材料的屈服极限，从而造成较大的塑性变形，在变形的过程中车身吸收大部分冲击能量从而导致汽车动能降低。冲击力从前端传递到后端存在时间上的延迟，在传递的过程中数值也逐渐衰减，座舱和车身尾部承受了较小的冲击力，因此未发生明显的变形。

从图 3-19 中也可以看出碰撞后电池与前端横梁存在一定的间隙。碰撞过程中电池没有脱离底架，只是随相连的横梁发生一定的倾斜。碰撞未造成电池破坏，电池的安装位置和安装方式可以保证电池的安全。

从上述分析可以看出，驾驶室处底架前端横梁的弯曲变形较大威胁到乘员的安全，碰撞后前车门处的变形可能妨碍车门的正常打开，使乘员在不借助外界工具的情况下难以逃生，因此需要改善底架结构，减小驾驶室处底架横梁的弯曲变形量和车门的变形量。所以需对底架进行改进：

(1) 在前车门位置的两横梁之间增加两纵梁，冲击力沿着纵梁传递给后面的横梁，使后横梁能够承担一部分的冲击力，从而减小前端横梁的变形。

(2) 在前车门位置的横纵梁连接处添加加强板，提高横纵梁连接处抵抗变形的能力。

改进后的电动汽车有限元模型如图 3-20 所示。

图 3-20　改进后的电动汽车有限元模型

依照相同步骤对新模型进行正面碰撞仿真，改进后的电动汽车正面碰撞过程阶段性变形如图 3-21 所示。

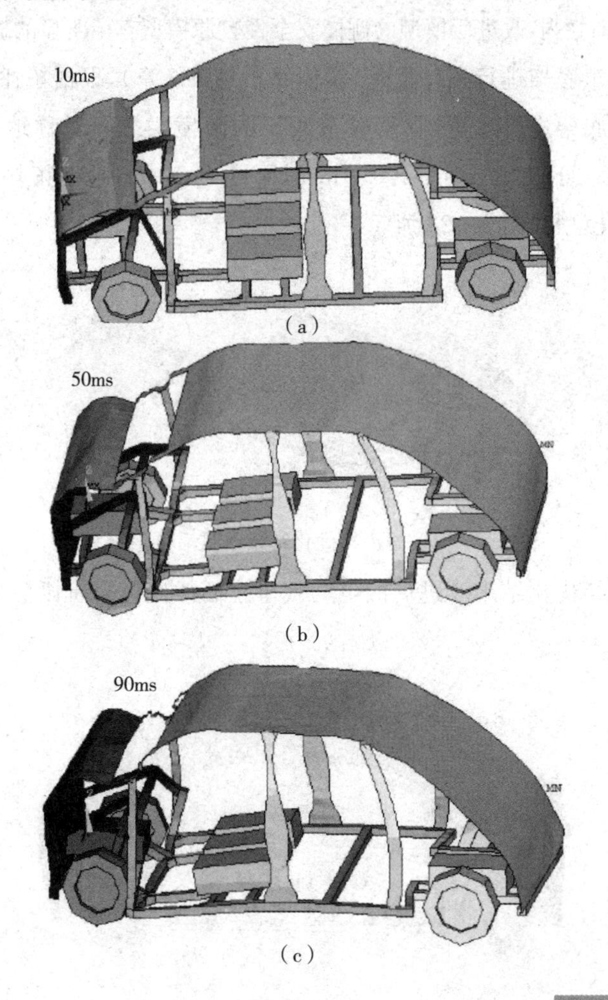

（a）

（b）

（c）

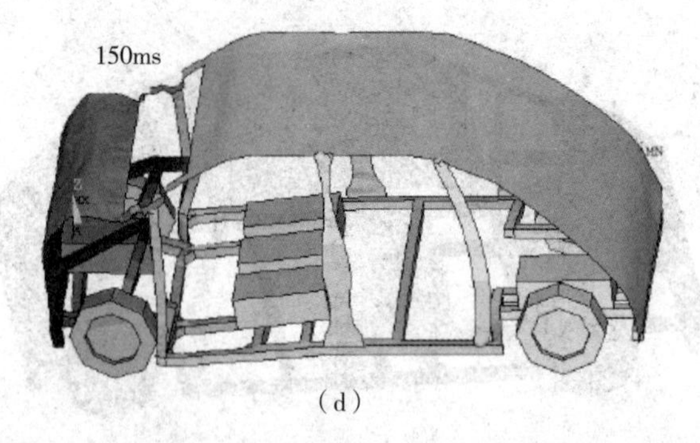

(d)

图 3-21　改进后的电动汽车正面碰撞过程阶段性变形图

新模型的仿真结果表明这一改进有效地提高了驾驶室处底架的刚度，增强了抵抗变形的能力，驾驶室前端横梁的弯曲变形明显减小，车门的变形量也控制在可接受范围之内，改进后模型的碰撞安全性较原模型有了明显的提高。

再对汽车底架进行拓扑优化(具体原理见第7章)，根据拓扑优化结果对原电动汽车底架进行改进，在驾驶室底架的两横梁之间对称地增加四根斜梁，斜梁的截面尺寸为50mm×50mm，厚度为2mm，根据拓扑优化结果改进后的底架模型如图3-22所示。

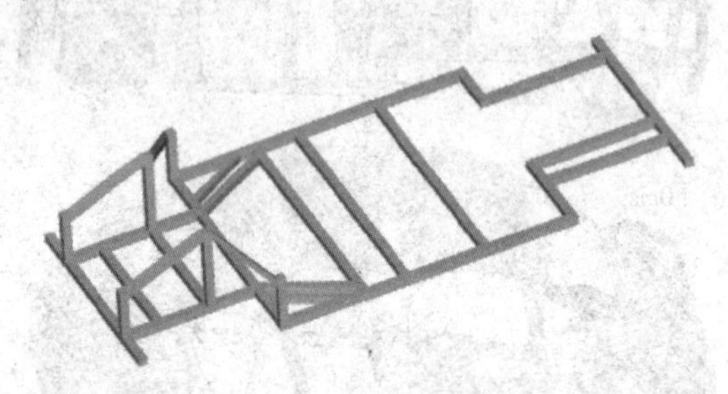

图 3-22　根据拓扑优化结果改进后的底架模型

根据拓扑优化结果改进后的电动汽车正面碰撞仿真阶段性变形如图3-23所示。

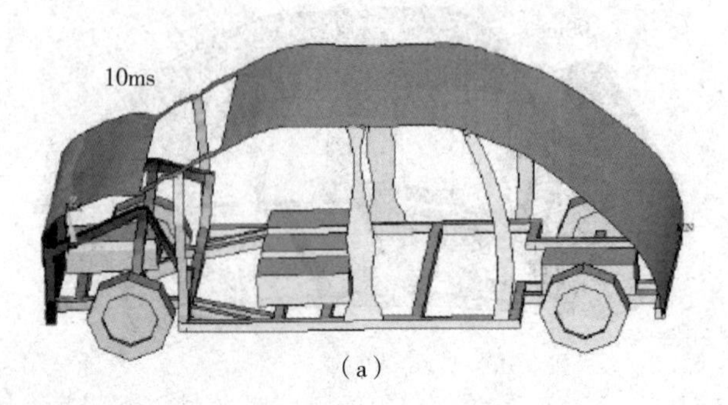

(a)

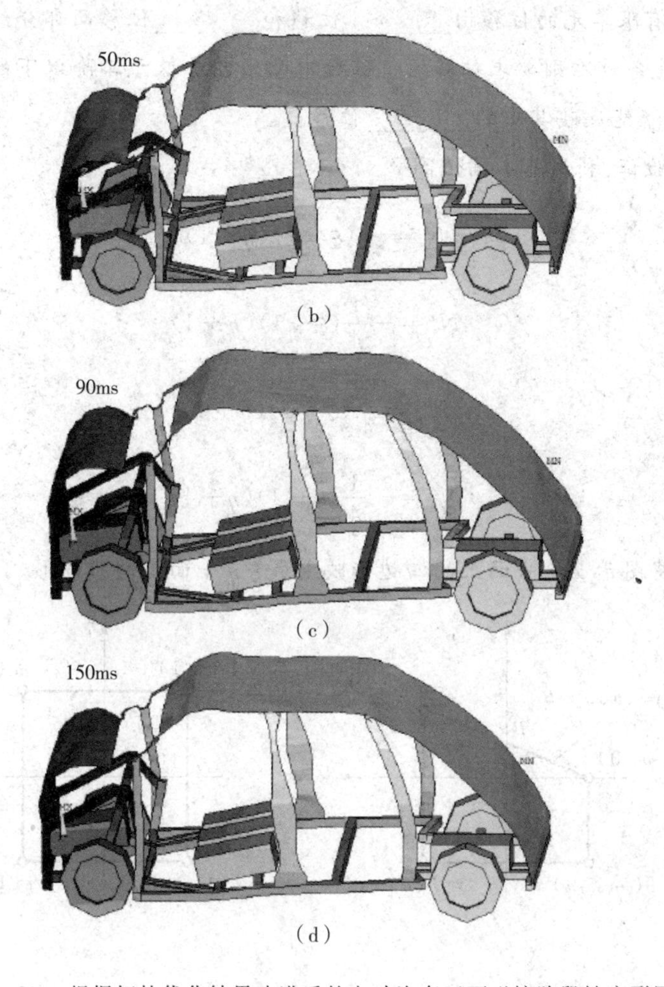

图3-23　根据拓扑优化结果改进后的电动汽车正面碰撞阶段性变形图

从图3-23可以看出根据拓扑优化结果改进后的电动汽车驾驶室前端横梁的弯曲变形明显减小，新增的斜梁能够有效地抵抗前端横梁的弯曲变形带来的冲击，显著提高了此处底架的刚度，保证了驾驶室内乘员的安全生存空间。

思考与练习

1. 有限元法产生的误差主要有________误差和________误差。当单元无限划小时，其中的________误差将趋于0。

2. 有限单元的位移由________位移和________位移两部分组成。位移模式的完备性准则要求位移插值函数中必须包含低于二阶以下的完整多项式，是为了能反映其中的________位移。

3. 验证：利用基本插值函数

$$N_i=\frac{1}{4}(\xi-1)(\eta-1)$$

$$N_j=-\frac{1}{4}(\xi+1)(\eta-1)$$

$$N_m=\frac{1}{4}(\xi+1)(\eta+1)$$

$$N_p=-\frac{1}{4}(\xi-1)(\eta+1)$$

可将图示 x-y 平面上的四边形映射成 ξ-η 平面上的正方形。

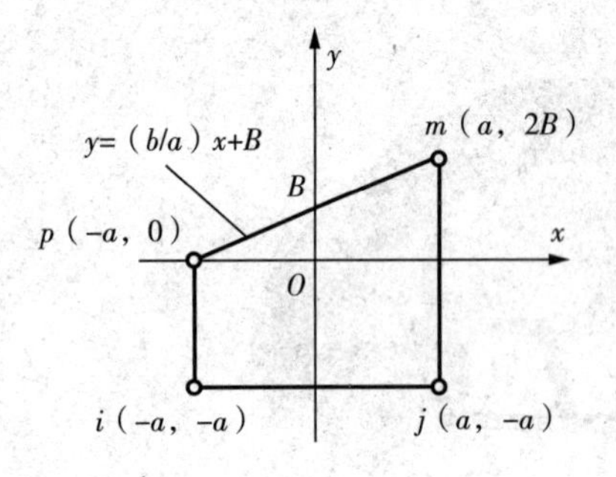

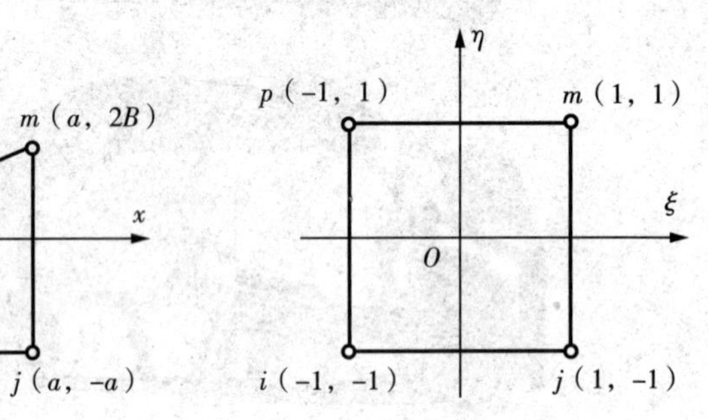

第4章　多物理场耦合仿真

§4-1　偏微分方程组的有限元数值解法

第3章“有限单元法的基本思想”一节中提到:弹性力学有限单元法(有限元法)是工程技术人员在研究杆件的结构力学矩阵法时创造并逐步完善的,开始时甚至不为研究数学的人员所接受,但由于用它能解决许多其他方法解决不了的问题而逐步为人们所接受、所肯定,加上研究数学的人员的研究,建立起严谨的数学理论,反过来又促进了有限单元法的发展,并且使有限单元法不仅适用于结构分析,而且成为研究许多场问题乃至求解偏微分方程组的有效方法和工具。

通过本书的第2章、第3章可以清楚地看到:弹性力学问题的求解,本质上是求解偏微分方程(组)的边值问题,即在满足已知边界条件的前提下求解一组偏微分方程。这样一个弹性力学(或称为结构场)的偏微分方程组的求解问题,通过变分将其基本方程转化为虚功方程再转化为有限元的基本计算公式进行求解。结构场中的偏微分方程组可以这样求解,许多其他物理场中的偏微分方程组也可以这样求解,这就形成了偏微分方程组的一种新的数值解法——有限元法。

有限单元法的基础是变分原理和分片多项式插值。该方法的构造过程包括以下三个步骤。首先,利用变分原理得到偏微分方程的弱形式(利用泛函分析的知识将求解空间扩大)。其次,将计算区域划分为有限个互不重叠的单元(如三角形、四边形、四面体、六面体等)。再次,在每个单元内选择合适的结点作为求解函数的插值点,将偏微分方程中的变量改写成由各变量或其导数的结点值与所选用的分片插值基函数组成的线性表达式，得到微分方程的离散形式。利用插值函数的局部支集性质及数值积分可以得到未知量的代数方程组。有限元法有较完善的理论基础，具有求解区域灵活（复杂区域）、单元类型灵活（适用于结构网格和非结构网格）、程序代码通用（数值模拟软件多数基于有限元法）等特点。有限元法最早应用于结构力学，随着计算机的发展已经渗透到计算物理、流体力学等各个数值模拟领域中。

有限元法的诞生和成熟，使得许多用偏微分方程组描述的物理场问题（如结构场、流场、电磁场问题）一一得到了解决。然而，在自然界和工程领域，物理现象往往不是单独存在的，例如：运动或变形会伴随热现象，所产生的热又会影响材料的特性（如电导率、流体黏性等），这就形成了多物理场的耦合，在这种情况下如果仅进行单物理场的分析计算（或称为计算仿真），显然得不到与实际完全相符的仿真结果。随着计算机软硬件技术的不断提高，有限元分析从单物理场仿真发展为多物理场耦合仿真成为必然趋势，因此，有的学者把多物理场耦合仿真称为有限元的未来。

§4-2 多物理场耦合问题的定义

多物理场耦合（Multi Physical Field Coupling）是由两个或两个以上的场通过交互作用而形成的物理现象，它在自然界和工程应用中广泛存在。

1. 单一基本场的数学模型

对于单一基本场的控制微分方程（组），本书给出以下两种表达形式：

一是用独立变量、输出变量和输入变量描述的表达式：

$$f(x,o,i)=0 \quad （在\ \Omega\ 中） \tag{4-1}$$

其中：x 为独立变量，属于场本身，不在耦合方程中出现；

o 为输出变量；

i 为输入变量；

f 为微分算子；

Ω 为方程的定义域。

二是用场变量、源变量和物性变量描述表达式：

$$f(v_i,s,m_j)=0 \qquad (i,j=1,2,3,\cdots,n) \tag{4-2}$$

其中：v_i 为场变量，可以是矢量（矢量场）或标量（标量场），可以有一个或多个；

s 为场的源或汇，一般只有一个；

m_j 为材料的物性变量，可以有一个或多个；

f 为微分算子。

2. 耦合场的数学模型

设场 A 的控制微分方程组为

$$f(x,o_A,m_A)=0 \qquad (在\ \Omega_A\ 里) \tag{4-3}$$

场 B 的控制微分方程组为

$$g(y,o_B,i_B)=0 \qquad (在\ \Omega_B\ 里) \tag{4-4}$$

A 场对 B 场的作用为

$$C(o_A,i_B)=0 \qquad (在\ \Omega_{AB}\ 里) \tag{4-5}$$

B 场对 A 场的作用为

$$C(o_B,i_A)=0 \qquad (在\ \Omega_{BA}\ 里) \tag{4-6}$$

上述式(4-3)～式(4-6)中，f、g 一般是微分算子，C 是微分或代数算子。x、y 分别是场 A 和场 B 的独立变量，o_A、i_A 分别是场 A 的输出变量和输入变量，o_B、i_B 分别是场 B 的输出变量和输入变量；Ω_A、Ω_B、Ω_{AB}、Ω_{BA} 分别是式(4-3)～式(4-6)各个方程的定义域。

§4-3　多物理场耦合问题的分类

下面给出多物理场耦合问题的五种分类方法。由于耦合作用是有方向性的，为描述简便，记场 A 对场 B 的作用为 R_{AB}，场 B 对场 A 的作用为 R_{BA}。

1. 边界耦合和域耦合

根据耦合所发生的区域，可以把耦合关系划分为边界耦合和域耦合两类。

如果 Ω_A,Ω_B V_n,而 Ω_{AB} V_{n-1} 或 Ω_{BA} V_{n-1}　($n=2,3$)

则称此耦合关系 R_{AB}(或 R_{BA})为边界耦合;

如果 Ω_A,Ω_B V_n,而 Ω_{AB} V_n 或 Ω_{BA} V_n($n=1,2,3$)

则称此耦合关系 R_{AB}(或 R_{BA})为域耦合。

例如:热应力问题是域耦合,而流固耦合问题是边界耦合。

2. 双向耦合与单向耦合

根据耦合的相互作用,可以把耦合关系分为双向耦合和单向耦合两类。

如果两个场之间相互作用明显,式(4-5)和式(4-6)均不可忽略,则称这种耦合是双向耦合;

如果只有一个方向的作用显著,式(4-5)和式(4-6)中有一个可以忽略,则称这种耦合是单向耦合。例如在热应力问题中,温度场产生了热应力,效果显著;由于变形导致的温度场的性质变化并不显著,这种问题可以简化为单向耦合问题。

事实上,只要一个场对另外一个场发生作用,反作用是必然会出现的,但是同样量级的作用对不同场的影响不一样,所以为了简化计算,有些作用可以忽略。

3. 直接耦合与间接耦合

为了界定基本的耦合关系,定义直接耦合与间接耦合的概念。

如果场 A 与场 B 的相互作用不需要通过其他场进行,那么场 A 和场 B 之间的耦合是直接耦合,否则就是间接耦合。

例如当电流改变时电阻应变片会发生变形,从表面上看,是电流导致其变形,好像是电场和结构场耦合在一起,而实际上是电流变化导致焦耳热变化,从而导致应变片变形,因此电场和结构场是通过热场发生相互作用的。所以电场和结构场之间是间接耦合。

4. 微分耦合与代数耦合

根据耦合方程的形式,可以把耦合关系分为微分耦合和代数耦合两类。

如果式(4－5)中 C 是微分算子，则称耦合关系 R_{AB} 是微分耦合；

如果 C 是代数算子，则称耦合关系 R_{AB} 是代数耦合。

例如电场和磁场之间的耦合是双向微分耦合，热应力问题是单向代数耦合。

显然，微分耦合和代数耦合并不一定具有对称性。以热应力问题为例，温度变化导致应力的产生，这可以用一个代数方程描述，而应力的变化并不必然导致温度变化。

5. 源耦合、流耦合、属性耦合与几何耦合

根据耦合所发生的扰动机理，把耦合场分为源耦合、流耦合、属性耦合和几何耦合四类。

如果式(4－5)中 i_B 是源变量，则称耦合关系 R_{AB} 是源耦合；

如果 i_B 是场变量，则称耦合关系 R_{AB} 是流耦合；

如果 i_B 是物性变量，则称耦合关系 R_{AB} 是属性耦合；

如果 A 场是通过改变 B 场的定义域 Ω_B 来产生扰动的，则称耦合关系 R_{AB} 是几何耦合。

例如结构场－静电场的边界耦合关系中，结构场改变了静电场的几何边界，属于几何耦合；静电场为结构场提供电场力，属于源耦合；热应力问题中，温度改变了结构场的本构关系，属于属性耦合；流固耦合中，结构场为流场提供速度，改变了边界条件，属于流耦合。

§4－4　常见物理场的控制微分方程(组)

1. 位移场(应力场)

$$\iint \{\varepsilon^*\}^{\mathrm{T}}\{\sigma\}\mathrm{d}x\mathrm{d}y=\iint \{f^*\}^{\mathrm{T}}\{P\}\mathrm{d}x\mathrm{d}y+\int_S \{f^*\}^{\mathrm{T}}\{\overline{P}\}\mathrm{d}s$$

$$\{\varepsilon\}=[L]\{f\}$$

$$\{\sigma\}=[D]\{\varepsilon\}$$

$$u_S = u_0$$

$$v_S = \nu_0 \tag{4-7}$$

式中符号含义见本书§3-4节。

2. 温度场

热传导方程如下：

$$\rho c \nabla \frac{T}{t} - (k \nabla T) = Q \tag{4-8}$$

其中：T 为温度，Q 为内热源强度，k 为热传导系数，ρ 为材料密度，c 为比热，∇ 为劈形算符。

3. 电磁场

物质中的麦克斯韦方程组：

$$\nabla \times H = J + \frac{D}{t}$$

$$\nabla \times E = -\frac{B}{t} \tag{4-9}$$

$$\nabla \cdot D = \rho$$

$$\nabla \cdot B = 0$$

其中：H 为磁场强度矢量，B 为磁通密度矢量，E 为电场强度矢量，D 为电位移矢量，J 为传导电流密度矢量，ρ 为自由电荷体密度。

4. 流场

不可压缩的流体方程：

$$\rho \frac{u}{t} - \eta \nabla^2 u + \rho(u - \nabla)u + \nabla p = F \tag{4-10}$$

$$u = 0$$

其中：u 为速度矢量，p 为压力，F 为体积力，ρ 为流体密度，η 为动力粘度。

§4－5　常见物理场的耦合方程

1. 电一热耦合

电场对温度场的作用：

$$Q=\sigma\left|\nabla V\right|^{2} \tag{4-11}$$

其中：Q 为产生热，σ 为电导，V 为电势。其物理意义是，通电物体中的每一点当电流通过时导致热的产生。热量的大小与该点的电势梯度（电场强度）的平方成正比，与该点的电导率成正比。

温度场对电场的作用表现为温度对电阻率的影响：

$$\rho=\rho_{0}[1+\alpha(T-T_{0})] \tag{4-12}$$

其中：ρ 为电阻率，T 为温度，T_0 为参考温度，ρ_0 为当温度为 T_0 时的电阻率，α 为电阻温度系数。

2. 磁一热耦合

受热铁磁体受到磁场的作用后，在绝热情况下会出现温度上升或下降的现象，称为磁致热效应。

温度对磁性的影响主要表现为改变铁磁体的自发磁化强度。当温度升高时，自发磁化强度随温度的变化而增大，当温度达到居里点时，自发磁化强度达到极大，此后自发磁化消失。

3. 热一结构耦合

结构热弹性力学问题的有限元控制方程为：

$$Ru=F+E_{T}T$$

$$\sigma=Su_{e}-S_{T}T_{e}$$

其中：u 是结构总体位移向量，R 是结构弹性刚度矩阵，F 是机械载荷向量，E_T 是等效热载荷矩阵，u_e 和 T_e 分别是单元的结点位移向量和结点温度向量，S 和 S_T 分别是弹性应力矩阵和热应力矩阵。

温度场对结构的作用表现为温度差导致单元体的膨胀或缩小从而产生应力，用拟载法可求得热位移的灵敏度计算公式：

$$\frac{\mathrm{d}\sigma}{\mathrm{d}\alpha}=\frac{\mathrm{d}S}{\mathrm{d}\alpha}u_e+S\frac{\mathrm{d}u_e}{\mathrm{d}\alpha}-\frac{\mathrm{d}S_T}{\mathrm{d}\alpha}-S_T\frac{\mathrm{d}T_e}{\mathrm{d}\alpha} \tag{4-13}$$

其中：α 为设计变量。

固体的变形对热的参数影响很小，可以忽略。

4. 电磁－结构耦合

电磁场对结构的作用表现为电场力和磁场力产生的力的作用（洛仑兹力公式）：

$$f=\rho E+j\times B \tag{4-14}$$

其中：f 为单位体积的电荷受力矢量，B 为磁通密度矢量，E 为电场强度矢量，j 为传导电流密度矢量，ρ 为自由电荷体密度。

结构对电场的影响表现为结构应变对电阻的影响：

$$\frac{\mathrm{d}R}{R}=(1+2\mu)\varepsilon+\frac{\mathrm{d}\rho}{\rho} \tag{4-15}$$

其中：R 为电阻，μ 为泊松比，ε 为线应变，ρ 为电阻率。

结构的变形对磁场影响很小，可以忽略。

5. 结构－流体耦合

将表现为流体产生的压力作为式(4-7)的外力边界条件加到结构上，而将结构产生的结点位移和速度作为式(4-10)的边界条件加到流体上，这就是经典的流固耦合问题。

6. 热－流体耦合

流场对温度场的影响体现为有热交换的流动系统满足的热力学第一定律：

$$\frac{\partial(\rho T)}{\partial t}+\mathrm{div}(\rho u T)=\mathrm{div}\,\frac{k}{C_P}\mathrm{grad}T+S_T \tag{4-16}$$

其中：C_P 为比热容，k 为流体的传热系数，S_T 为粘性耗散项，ρ 为流体密度，u 为流体速度；T 为温度。

温度场对流场的影响体现为温度改变了流体的动力粘度，其关系通常用经验公式表示，如水的动力粘度与温度关系的经验公式为：

$$\eta=\frac{\eta_0}{1+0.0337T+0.000221T^2} \tag{4-17}$$

其中：T 为温度，η、η_0 分别为水在 T 和 0℃ 时的动力粘度。

常见 10 种耦合场的耦合关系见表 4－1。

表 4－1　常见 10 种耦合场的耦合关系

编号	耦合场	耦合变量 (A→B/B→A)	边界耦合/域耦合	双向耦合/单向耦合	异质耦合/同质耦合	微分耦合/代数耦合	源耦合/流耦合/属性耦合/几何耦合
1	结构－流体	速度/压力	边界	双向	同质/同质	代数/代数	流/源
2	结构－温度	温度	域	单向	异质	代数	属性
3	结构－静电(边)	位移/电场力	边界	双向	同质/同质	代数/代数	几何/源
4	结构－静电(域)	应变	域	单向	异质	代数	属性
5	结构－磁	位移/磁场力	边界	双向	同质/同质	代数/代数	几何/源
6	流体－浓度	速度/密度	域	双向	异质/异质	微分/代数	流/属性
7	流体－温度	速度/温度	边界	双向	异质/异质	微分/微分	流/属性
8	温度－静电	温度/热量	域	双向	异质/同质	代数/代数	属性/源
9	温度－磁	温度	域	单向	异质	代数	属性
10	静电－磁	电场强度/磁感应强度	域	双向	异质/异质	微分/微分	流/流

为更直观地表达上述关系，用有向图表达上述结果(图 4－1)。

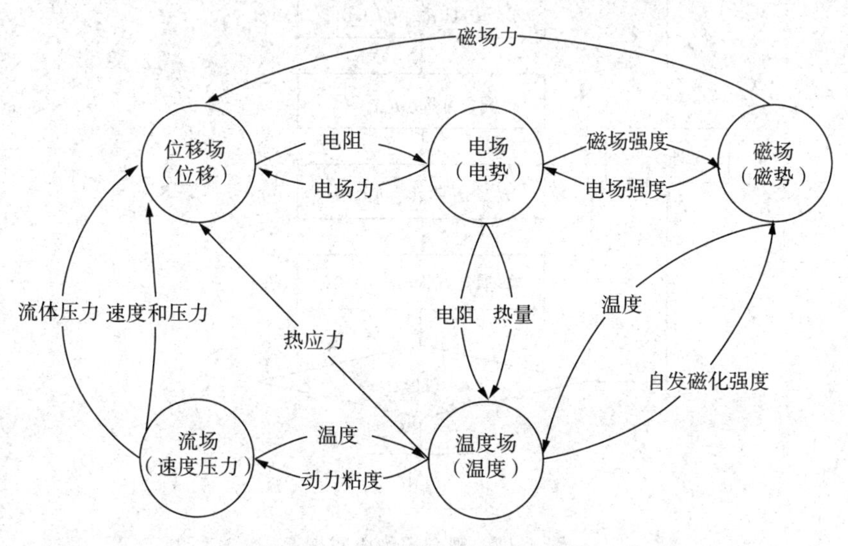

图 4－1　多场耦合关系的有向图

§4-6 耦合场的协同仿真

耦合问题的求解通常有三种方法:域消除法、集成解法和分区求解法。其中分区求解法是将各个域模型作为一个单独的实体进行计算,其间的交互效果通过数据传递来进行,如图 4-2 所示。分区求解法由于可以利用已有的代码从而能充分使用已有的研究成果,因此在某些多场耦合的求解方面得到了广泛的应用。

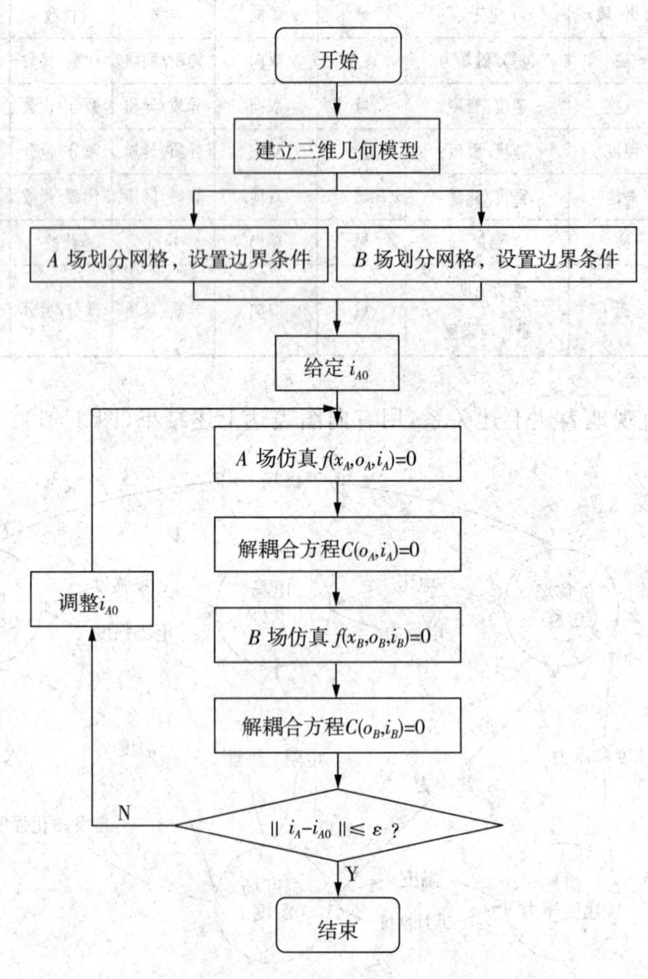

图 4-2 耦合场的协同仿真

下面以感应加热问题的求解为例说明耦合场协同仿真的过程框架(图 4-3和图 4-4):该框架由 5 个专家分别操作 5 种软件并通过文件形式进行数据交换以完成一个瞬态多场问题的协同仿真。这 5 个专家分别是建模专家、电磁场分析专家、热场分析专家、数值分析专家和系统集成专家。建模专家使用三维建模软件以完成模型几何形体的构造;热场分析专家使用某种数值仿真软件编制热场建模程序和仿真程序,并编制程序以进行数据文件的格式输入和格式输出;电磁场分析专家的工作与热场分析专家相似,只不过是对电磁场进行分析;数值分析专家主要编制有关的插值程序以进行两个场之间的结点载荷的映射并维护插值程序的正确性;系统集成专家对上述专家所编制的程序进行集成,对瞬态问题进行分析以确定合适的迭代方式,对有关重要变量进行约定以在程序间传递信息,最后完成某种特定瞬态仿真问题的求解。

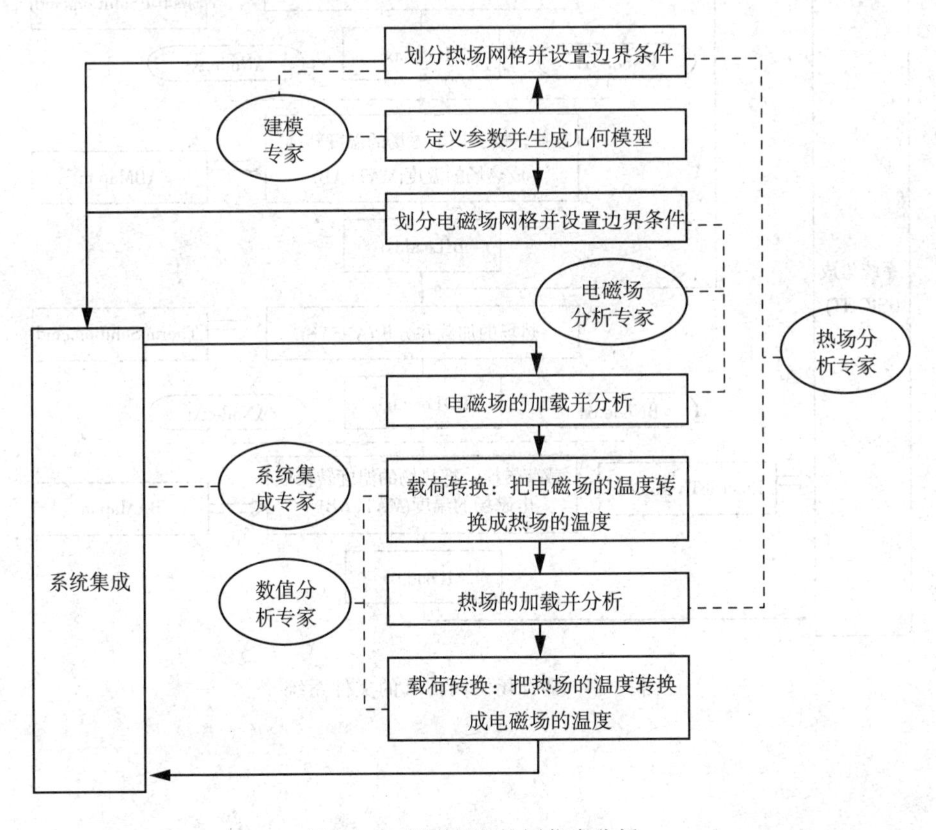

图 4-3　耦合场的协同仿真分析

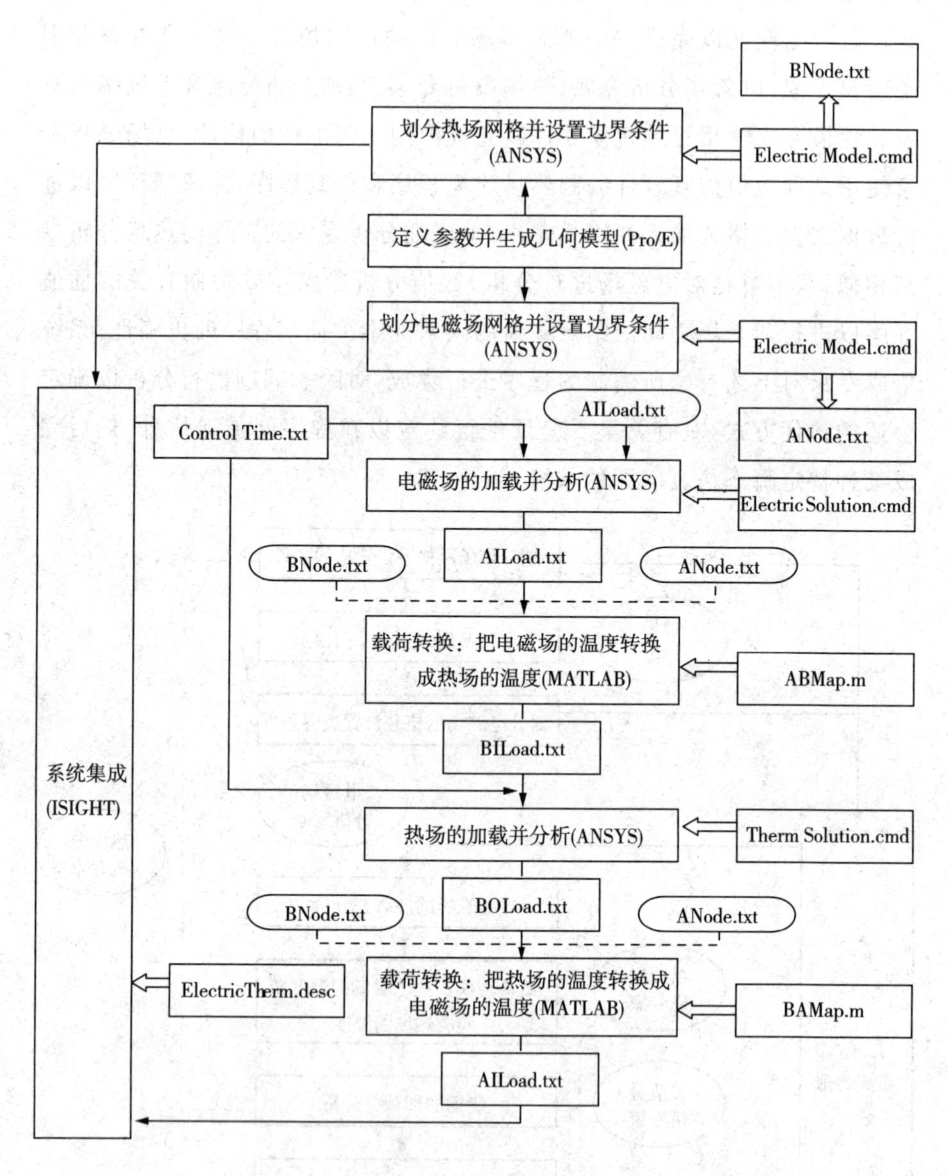

图 4-4　耦合场协同仿真的文件系统

第二部分　结构优化设计

结构优化综述

1. 结构设计的一般过程及结构设计的不同层次

结构设计一般经历结构型式设计、结构拓扑设计、结构布局设计、结构形状设计和结构尺寸设计五个阶段。

结构型式设计：根据结构承受的载荷、几何空间约束选定结构型式(杆、梁、板、壳、实体或它们的组合)；

结构拓扑设计：确定构件的数量及各部分之间的连接形式；

结构布局设计：确定结构构件中心线、面的相互位置；

结构形状设计：确定外形及截面形状；

结构尺寸设计：确定所有几何参数。

相应地，结构优化也分为五个层次：结构型式优化、结构拓扑优化、结构布局优化、结构形状优化和结构尺寸优化。其中结构型式优化在低维空间可借助经验判断解决，本书不予涉及，本书主要讨论目前应用较多也较成熟的尺寸优化问题，并对结构拓扑优化、结构布局优化作简要介绍。

2. 结构(尺寸)设计的方法

(1)常规设计方法：重分析法(借助结构分析方法进行结构的综合、设计)。

关于如何修改才能满足要求没有明确的方向和依据，主要是凭经验，而优化设计则是通过一定的算法解决这一问题。

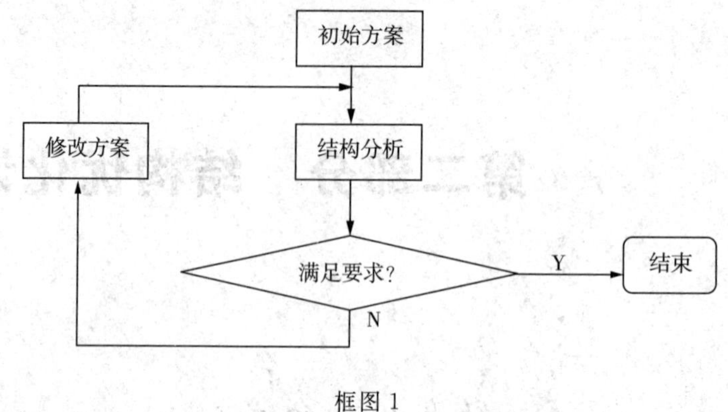

框图 1

(2)优化设计方法。

迄今为止,结构优化方法可以分成两大类:

第一大类:力学准则法,其中又可以分为有代表性的三小类,即满应力准则法、满约束准则法、能量准则法。

第二大类:数学规划法,这是本书讨论的重点。

3. 结构优化的数学模型

min　结构材料体积(重量、造价)

s. t.　(动)应力约束

　　(动)位移约束

　　几何约束

　　(频率约束)

其中应力约束和位移约束通常通过隐函数表达,而且结构优化的设计变量较多,并且可能属于离散变量。

第 5 章　力学准则法

§5-1　满应力准则和应力比法

满应力准则可以追溯到伽利略关于"等强度梁"的开创性研究成果，现在采用的汽车板簧、阶梯轴、鱼腹梁等都是这一概念的产物。人们自从发现在外载荷作用下结构各点的应力不同以后就想到：应当根据应力的分布合理布置材料，以达到节约材料、减轻自重、降低造价的目的，如果结构各点应力都达到其许用应力，就应该能最大程度地节约材料，这就是"等强度"的概念，也是"满应力"的概念。

本书定义结构的每一构件至少在某一工况下其最大正应力达到许用应力或临界应力为"满应力"。根据这一准则进行结构优化设计称为满应力设计(Fully Stressed Design，FSD)。

如果在满应力设计中只考虑应力约束，称之为严格满应力设计；如果同时考虑几何约束(最小截面)，则称之为广义满应力设计，因为在存在几何约束的情况下，可能有的构件尚未达到满应力，就已受到最小截面尺寸的限制。广义满应力设计事实上遵循的是一种所谓"满约束准则"，即使得尽可能多的不等式约束成为起作用的约束，因此，这一准则又称"同步失效准则"(Synchronous Failure Criteria，SFC)。

下面进行满应力设计(以桁架为例)：

设各杆初始截面为 $A=[A_1 \quad A_2 \quad \cdots \quad A_n]^T$

进行结构分析求得各杆内力 $N=[N_{1j} \quad N_{2j} \quad \cdots \quad N_{nj}]^T$

各杆应力 $\sigma=[\sigma_{1j}\quad \sigma_{2j}\quad \cdots\quad \sigma_{nj}]^{\mathrm{T}}$ $\quad (\sigma_i=\dfrac{N_i}{A_i})$

其中下角标 j 表示工况序号。

因为进行满应力设计的目的是使各杆应力达到许用应力，所以要将算出的σ_{ij}与许用应力σ_+、σ_-进行比较，这里的σ_+表示许用拉应力，σ_-表示许用压应力。

令 $D_{ij}=\dfrac{\sigma_{ij}}{\sigma_\pm}$ （当σ_{ij}为正时，分母为σ_+；当σ_{ij}为负时，分母为σ_-）为应力比，从而得到矩阵 D：

$$D=\begin{bmatrix} D_{11} & D_{12} & \cdots & D_{1m} \\ D_{21} & D_{22} & \cdots & D_{2m} \\ \vdots & \vdots & & \vdots \\ D_{n1} & D_{n2} & \cdots & D_{nm} \end{bmatrix}$$

各行中取最大值构成列向量 $\overline{D}=[D_1\quad D_2\quad \cdots\quad D_n]^{\mathrm{T}}$，称为最大应力比列向量。

显然，如果达到满应力准则即每一构件至少在某一种工况下达到许用应力，则应当有

$D_i=1\quad (i=1,2,\cdots,n)$

于是，检验

$|D_i-1|$ 是否 $\leqslant \varepsilon\quad (i=1,2,\cdots,n)$

如果对于所有的 i 上式都成立，则说明已经实现了满应力设计，否则需调整 A。方法是

令 $A_i^{k+1}=D_i^k A_i^k\quad (A_i^{k+1}=\dfrac{\sigma_{ij}}{\sigma_\pm}A_i^k)$

如果 $|\sigma_{ij}|<|\sigma_\pm|$，则应缩小截面积 $A_i^{k+1}<A_i^k$，而 $0<D_i<1$ 恰恰反映了与许用应力的偏离程度，再乘以 D_i（小于 1 的正数），就达到了缩小 A_i 的目的。

然后令 $A=A^{k+1}$ 进行下一轮优化。

这种满应力设计的应力比法的框图如图 5－1 所示。

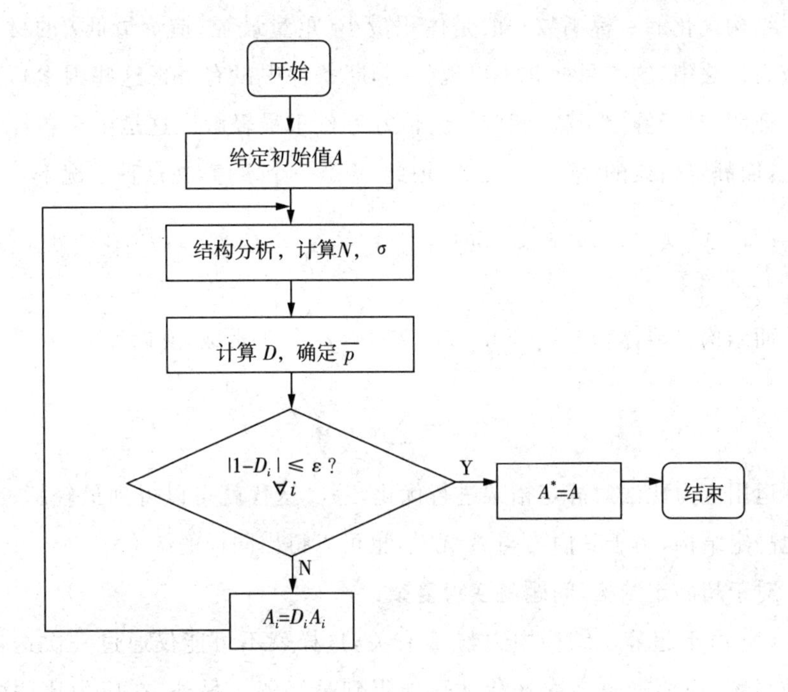

图 5-1　满应力设计的应力比法框图

如果是广义满应力设计即增加约束 $A_i \geqslant [A_i]$，则图 5-1 中的表述应改为图 5-2 中的内容。

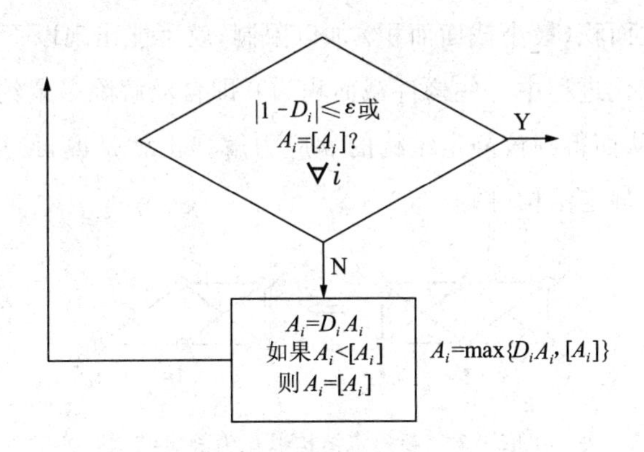

图 5-2　广义满应力设计的判断框图

现在，对上述应力比法进行评价和讨论：

首先讨论静定桁架以及静定结构的满应力设计。

结构优化的目标函数一般是体积最小(重量最轻、造价最低)的材料。在应力比法中,这些目标并未出现(在判断条件中没有考虑这些因素),但是可以证明:对于静定桁架,满应力解恰好等价于最轻解。这是由于各杆长度已定,而静定桁架的 N 与 A 无关,因此 N 是一个定值,在这种情况下:

$$N_i = A_i\sigma_i = A_{\min}\sigma_{\pm} = \text{const} \quad 即\ A_{i\min} = \frac{\sigma_i}{\sigma_{\pm}}A_i = D_iA_i \quad (应力比法迭代公式)$$

而结构材料体积 $V = \sum_{i=1}^{n} l_i\rho_i A_i$,其中 $l_i\rho_i$ 是正常数,所以

$$V_{\min} = \sum_{i=1}^{n} l_i\rho_i A_{i\min}$$

运用应力比法对静定桁架进行优化,一次迭代就可以得到最轻解;对于其他静定结构,由于其内力与 A 无关,也可以得出同样的结论。

对于超静定结构,问题就变得复杂:

(1) 由于超静定结构内力与 A 有关,这样就不可能仅通过一次迭代得到最轻解,而要通过多次迭代才可能得到最轻解。另外,在应力比法中没有考虑上述优化目标函数,因此得到的满应力解不一定与最轻解等价。

(2) 本书在结构力学部分提到:一个超静定结构可以通过解除不同的多余约束而成为不同的静定结构。当用应力比法进行超静定结构优化时,如果不对构件截面积(最小截面面积)加以限制,就可能出现以下两种情况:

一是在优化进程中一些构件截面积为 0 即自动解除多余约束,使结构成为静定结构,从而得到该静定结构的满应力解。也就是说,使得原本的超静定结构退化为静定结构(图 5-3)。

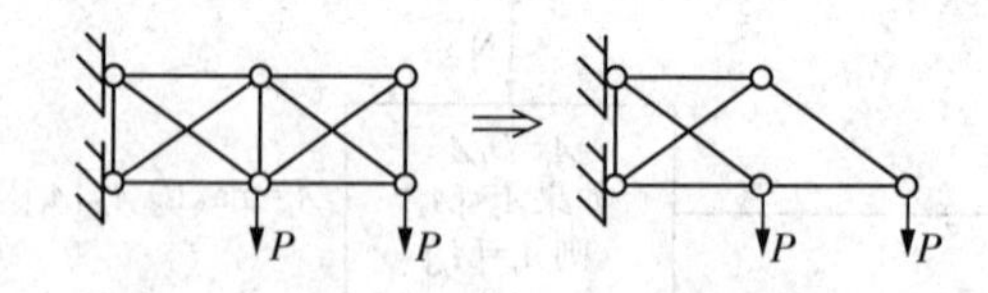

图 5-3　超静定结构退化为静定结构

二是由于一个超静定结构可以通过解除不同的多余约束而成为结构不同的静定结构,因此在优化迭代进程中可能出现在一轮迭代中趋向某一种静定结构,下一轮迭代中又趋向另一种静定结构的现象,从而使算法不收敛。

(3) 对于某些超静定结构,甚至不存在满应力解,举一简例加以说明:

图 5-4(a) 中一件三杆超静定桁架($F=-1$) 在作用于汇交点的载荷作用下对应于一组 A_i 产生 u、υ 位移,此时

$$\sigma_i = E\,\varepsilon_i = E\,\frac{\Delta l_i}{l_i}$$

将 Δ 表达式代入

$$\sigma_1 = \frac{E}{l_1}(\upsilon\cos\theta + u\sin\theta)$$

$$\sigma_2 = \frac{E}{l}\upsilon$$

$$\sigma_3 = \frac{E}{l_1}(\upsilon\cos\theta - u\sin\theta)$$

设应力约束为 $-\sigma^* \leqslant \sigma_i \leqslant \sigma^*$,因此有

$$-\sigma^* \leqslant \frac{E}{l_1}(\upsilon\cos\theta + u\sin\theta) \leqslant \sigma^*$$

$$-\sigma^* \leqslant \frac{E}{l}\upsilon \leqslant \sigma^*$$

$$-\sigma^* \leqslant \frac{E}{l_1}(\upsilon\cos\theta - u\sin\theta) \leqslant \sigma^*$$

当每一个式子中有一个"≤" 成立时,则各杆达到一种满应力状态。可以用图形直观地分析这一问题,将三式作如下变形:

$$-\frac{\sigma^* l_1}{E} \leqslant \upsilon\cos\theta + u\sin\theta \leqslant \frac{\sigma^* l_1}{E}$$

$$-\frac{\sigma^* l}{E} \leqslant \upsilon \leqslant \frac{\sigma^* l}{E}$$

$$-\frac{\sigma^* l_1}{E} \leqslant \upsilon\cos\theta - u\sin\theta \leqslant \frac{\sigma^* l_1}{E}$$

令$\frac{\sigma^* l}{E}=1$,则进一步变形为:

$$-\frac{l_1}{l}\leqslant \upsilon\cos\theta+u\sin\theta\leqslant\frac{l_1}{l}$$

$$-1\leqslant \upsilon\leqslant 1$$

$$-\frac{l_1}{l}\leqslant \upsilon\cos\theta-u\sin\theta\leqslant\frac{l_1}{l}$$

因为θ为常数,所以上式中间是u、υ的函数,在u、υ构成的二维设计空间中做出上述约束函数划定的可行域,可行域中的每一个点对应于一组满足应力约束的u、υ,即这样一种工况,使得各杆同时达到满应力的工况点位于三杆应力约束边界的公共交点上。

考虑三种情况(图5-4):

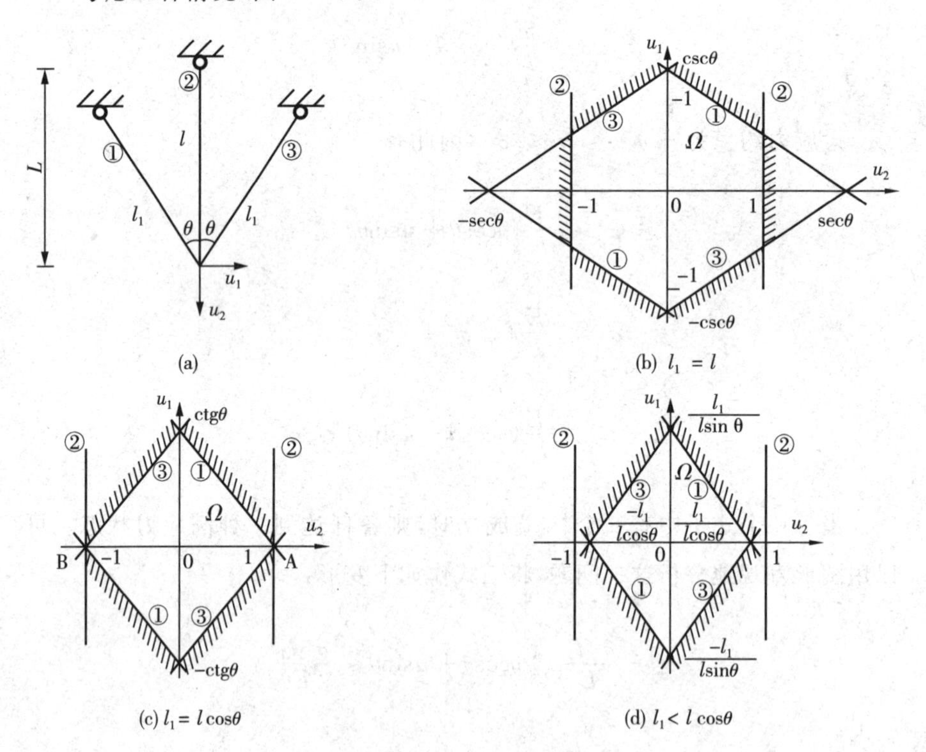

图5-4 三种情况

图5-4(c):当$l_1=l\cos\theta$时,显然$\upsilon=\pm1$、$u=0$满足这一条件,说明只要通过调整A_i使得u、υ满足$u=0$、$\upsilon=\pm1$结构就可以实现满应力设计。

图 5-4(b)：当 $l_1 = l$ 时，可行域边界的每个交点均为两组约束函数的交点，说明如果结构本身只存在一种工况，那么无论怎样调整 A_i 只能使得两杆实现满应力，说明超静定结构的满应力解的存在与结构参数有关；如果结构本身存在两种工况，则可能使得三杆至少在一种工况下达到满应力，说明超静定结构满应力的存在与否除了与结构参数有关外，还与结构工况数有关。

图 5-4(d)：当 $l_1 < l\cos\theta$ 时，图形显示杆 ② 永远不可能达到满应力，这样的杆称为"病态杆"。当结构存在"病态杆"时，再多的工况也不能使得各杆至少在一种工况下达到满应力，也就是说严格满应力解(不允许退化为静定结构)根本不存在。

通过这一简例可得出以下几点结论：

(1) 超静定结构在单一工况下一般不能实现满应力设计，除非具有特殊的结构参数。例如在上例中，欲使得结构达到满应力，等价于求解方程组

$$
\begin{aligned}
&\frac{E}{l_1}(\upsilon\cos\theta + u\sin\theta) = \sigma_1^* \\
&\frac{E}{l}\upsilon \leqslant \sigma_2^* \\
&\frac{E}{l_1}(\upsilon\cos\theta - u\sin\theta) = \sigma_3^*
\end{aligned}
\qquad \text{即} \qquad
\begin{aligned}
f_1(u,\upsilon) &= C_1 \\
f_2(u,\upsilon) &= C_2 \\
f_3(u,\upsilon) &= C_3
\end{aligned}
$$

用三个方程求两个未知数，除非其中一个方程是不独立的(可以由其他两个方程导出)，否则就是矛盾方程组，无法解出 u、υ。

(2) 超静定结构在多工况下可能存在满应力解，工况数应满足下式：

$$p \geqslant \frac{N}{N-r}$$

其中：p 为工况数，N 为杆数，r 为超静定次数。

(3) 上式只是超静定结构存在满应力解的必要条件，而不是充分条件，当结构存在"病态杆"时，根本不存在满应力解。

(4) 对于一般弹性体结构，更不可能存在满应力解。

通过上述讨论，可以意识到：从等强度概念出发建立的满应力准则认为

实现了满应力就可以得到最轻解，但在很多情况下（超静定）是不成立的。这种凭工程设计人员感生“想当然”定出的结构优化准则称为感性准则，但是并不意味着满应力准则就没有了用处。事实上，即使是超静定结构，求出的满应力解也不是最轻解，但它是用其他方法进一步求最轻解的良好出发点（初始点），因此在许多结构优化程序中，都会先求出满应力解以作为求最轻解的初始点。

§5-2　满位移设计

前文提到，一般结构优化的约束有几何约束、应力约束和位移约束三种，在满应力设计中只考虑了前两种约束。如果存在位移约束，如要求桁架结点线位移满足 $\Delta \leqslant \Delta^*$，那么就要进行满位移设计。

首先要说明的是，满位移设计通常在满应力设计的基础上进行，即在进行满应力设计后，如上述位移约束条件 $\Delta \leqslant \Delta^*$ 已得到满足，则无须进行满位移设计，因为在这种情况下进行满位移设计可能会满足位移约束却破坏了满应力约束；如果进行满应力设计后不能满足 $\Delta \leqslant \Delta^*$ 的约束条件，则需要进行满位移设计，其目的是通过调整一部分杆件的截面面积，使得相应结点的位移减小直至满足位移约束条件。

这里要解决两个问题：一是调整哪些杆件，二是如何调整杆件面积。

1. 调整哪些杆件

对于调整杆件，需提出主动杆件和被动杆件的概念：所谓主动杆件是指在当前一轮满位移设计中截面需作调整的杆件，所谓被动杆件是指在该满位移设计中截面不作调整的杆件。那么，如何划分杆件的主动和被动？

设各杆在实际载荷下的轴力为 N_i，在沿所控制的线位移 Δ 方向施加单位作用力作用下的虚拟轴力为$\overline{N_i}$，根据虚功原理

$$\Delta = \sum_{i=1}^{n} \frac{\overline{N}_i N_i}{EA_i} l_i$$

分两种情况讨论：

(1) 静定结构。N_i、$\overline{N_i}$ 与 A_i 无关是常数，则

$$\frac{\mathrm{d}\Delta}{\mathrm{d}A_i}=-\frac{\overline{N_i}N_i l_i}{EA_i^2}$$

可知，当$\overline{N_i}N_i<0$时，$\frac{\mathrm{d}\Delta}{\mathrm{d}A_i}>0$，即 A_i 增大只会造成Δ增大，那么，是否能减小 A_i。由于满位移设计是在满应力设计基础上进行的，第 i 杆已经达到满应力或者达到 $A_{i\min}$，再减小就会使应力或尺寸约束得不到满足，因此，$\frac{\mathrm{d}\Delta}{\mathrm{d}A_i}>0$ 的杆不能作截面调整，称为被动杆。

当$\overline{N_i}N_i>0$时，$\frac{\mathrm{d}\Delta}{\mathrm{d}A_i}<0$，即 A_i 增大会造成Δ减小，这时需要对杆进行截面调整，称为主动杆。

(2) 超静定结构。所有 N_i、$\overline{N_i}$ 与 A_i 有关，是 A_i 的函数，因此

$$\frac{\mathrm{d}\Delta}{\mathrm{d}A_i}=-\frac{\overline{N_i}N_i l_i}{EA_i^2}+\sum_j^n\left(\frac{\partial N_j}{\partial A_j}\overline{N_j}+\frac{\partial\overline{N_j}}{\partial A_j}N_j\right)\frac{l_j}{EA_j}$$

与静定结构相比，后面多了一项，设法将其除去：

将这一项分为形式完全相同的两项 $\sum_j^n\frac{\partial N_j}{\partial A_j}\frac{\overline{N_j}l_j}{EA_j}$、$\sum_j^n\frac{\partial\overline{N_j}}{\partial A_j}\frac{N_j l_j}{EA_j}$，任取其中一项(如第一项) 进行讨论：

首先将$\sum_j^n\frac{\partial N_j}{\partial A_j}\frac{\overline{N_j}l_j}{EA_j}$ 视为$\sum_j^n\frac{\partial N_j}{\partial A_j}\mathrm{d}A_i\,|_{\mathrm{d}A_i=1}\frac{\overline{N_j}l_j}{EA_j}$，这样，$\sum_j^n\frac{N_j}{A_j}\mathrm{d}A_i\,|_{\mathrm{d}A_i=1}$ 就具有内力的量纲，可以理解为实际载荷作用下第 i 杆面积改变量为单位 1 时各杆所产生的轴力增量，而$\frac{\overline{N_j}l_j}{EA_j}$ 为单位虚拟载荷作用下各杆的变形量，因此，$\sum_j^n\frac{N_j}{A_j}\mathrm{d}A_i\,|_{\mathrm{d}A_i=1}\frac{\overline{N_j}l_j}{EA_j}$ 可视为上述各杆轴力增量在单位虚拟载荷产生的变形上所做的 $W_{内}$，也即虚功方程的等于号右边部分。

由于虚功原理的实质是静力平衡，在杆截面变化前后整个系统一直处于平衡状态，因此都可以用虚功原理(方程) 加以描述。现在考虑结构的三种状态：

状态 ①：结构在外力 P 的作用点处沿作用方向施加单位载荷；

状态 ②：结构受外力 P 作用，各杆截面为初始面积；

状态③:结构仍受外力 P 作用,但第 i 杆截面发生变化,其他杆截面不变。

对状态①、状态②运用虚功原理,且取状态①的位移信息、状态②的力信息,则有

$$p\overline{\Delta}=\sum_{j}^{n}N_j\frac{\overline{N_j}l_j}{EA_j} \tag{5-1}$$

再对状态①、状态③运用虚功原理,取状态①的位移信息、状态③的力信息,则有

$$p\overline{\Delta}=\sum_{j}^{n}\left(N_j+\frac{\partial N_j}{\partial A_j}\mathrm{d}A_i\mid_{\mathrm{d}A_i\equiv 1}\right)\frac{\overline{N_j}l_j}{EA_j}=\sum_{j}^{n}N_j\frac{\overline{N_j}l_j}{EA_j}+\sum_{j}^{n}\frac{\partial N_j}{\partial A_j}\mathrm{d}A_i\mid_{\mathrm{d}A_i\equiv 1}\frac{\overline{N_j}l_j}{EA_j} \tag{5-2}$$

式(5-2)两边分别减去式(5-1)两边,得到

$$0=\sum_{j}^{n}\frac{\partial N_j}{\partial A_j}\mathrm{d}A_i\mid_{\mathrm{d}A_i\equiv 1}\frac{\overline{N_j}l_j}{EA_j}\quad 即\quad \sum_{j}^{n}\frac{\partial N_j}{\partial A_j}\frac{\overline{N_j}l_j}{EA_j}=0$$

同理可证得 $\sum_{j}^{n}\frac{\overline{\partial N_j}}{\partial A_j}\frac{N_jl_j}{EA_j}=0$,也就是说可依据$\overline{N_i}N_i$ 的正负号来判断主动杆和被动杆。

2. 如何调整杆件面积

由于已经将全部杆件分为主动杆件和被动杆件两组,需要调整的只是主动杆件的截面面积,所以可将优化数学模型作如下变换,设前 k 杆为被动杆,$k+1,k+2,\cdots,n$ 杆为主动杆,则

目标函数 $\min W=\sum_{i}\rho_iA_il_i=\sum_{i=1}^{k}\rho_iA_il_i+\sum_{i=k+1}^{n}\rho_iA_il_i=W_0+\sum_{i=k+1}^{n}\rho_iA_il_i$

约束函数 $\sum_{i=1}^{n}\frac{\overline{N_i}N_i}{EA_i}l_i-\Delta^*=\sum_{i=1}^{k}\frac{\overline{N_i}N_i}{EA_i}l_i+\sum_{i=k+1}^{n}\frac{\overline{N_i}N_i}{EA_i}l_i-\Delta^*$

$$=\Delta_0+\sum_{i=k+1}^{n}\frac{\overline{N_i}N_i}{EA_i}l_i-\Delta^*=0$$

构造拉氏函数 $L=W_0+\sum_{i=k+1}^{n}\rho_iA_il_i+\lambda\left(\Delta_0+\sum_{i=k+1}^{n}\frac{\overline{N_i}N_i}{EA_i}l_i-\Delta^*\right)$

$$\frac{\partial L}{\partial A_i}=\rho_i l_i-\lambda\frac{\overline{N_i}N_i l_i}{EA_i^2}+\sum_j^n\left(\frac{\partial N_j}{\partial A_j}\overline{N_j}+\frac{\partial\overline{N_j}}{\partial A_j}N_j\right)\frac{l_j}{EA_j}=0$$

由于前面已经证明上式第三项为0，所以

$$\frac{\partial L}{\partial A_i}=\rho_i l_i-\lambda\frac{\overline{N_i}N_i l_i}{EA_i^2}=0$$

解得 $A_i=\left(\frac{\lambda\overline{N_i}N_i}{E\rho_i}\right)^{\frac{1}{2}}$

代入约束函数 $\Delta_0-\Delta^*+\sum_{i=k+1}^n\frac{\overline{N_i}N_i}{E\left(\frac{\lambda\overline{N_i}N_i}{E\rho_i}\right)^{\frac{1}{2}}}l_i=\lambda^{\frac{1}{2}}\sum_{i=k+1}^n l_i\left(\frac{\overline{N_i}N_i\rho_i}{E}\right)^{\frac{1}{2}}$

解得 $\lambda^{\frac{1}{2}}=\frac{1}{\Delta^*-\Delta_0}\sum_{i=k+1}^n l_i\left(\frac{\overline{N_i}N_i\rho_i}{E}\right)^{\frac{1}{2}}$

代入 A_i 计算公式 $A_i^{k+1}=\frac{1}{\Delta^*-\Delta_0}\sum_{j=k+1}^n l_j\left(\frac{\overline{N_j}N_j\rho_j}{E}\right)^{\frac{1}{2}}\cdot\left(\frac{\overline{N_i}N_i}{E\rho_i}\right)^{\frac{1}{2}}$

$$=\frac{1}{\Delta^*-\Delta_0}A_i^k\left(\frac{\overline{\sigma_i}\sigma_i}{E\rho_i}\right)^{\frac{1}{2}}\cdot\sum_{j=k+1}^n A_j^k l_j\left(\frac{\overline{\sigma_j}N_j\rho_j}{E}\right)^{\frac{1}{2}}$$

当各杆 $E\rho_i$ 相同时，还可进一步简化为

$$A_i^{k+1}=A_i^k\frac{(\overline{\sigma_i}\sigma_i)^{\frac{1}{2}}}{E(\Delta^*-\Delta_0)}\sum_{j=k+1}^n A_j^k l_j(\overline{\sigma_j}\sigma_j)^{\frac{1}{2}}\qquad(i=k+1,k+2,\cdots,n)$$

按照这一迭代公式计算出的 A_i 如满足 $A_i\geqslant A_i^0$，则说明如此算出的 A_i 不会破坏应力约束(因为 A_i^0 是满应力解)；否则将相应的第 i 杆归入被动杆组，重新进行计算。

对于静定结构，一旦算出一组不破坏应力约束的 A_i^* 即为最优解；对于超静定结构则需要多次迭代，直至 $A_i^{k+1}=A_i^k(i=k+1,k+2,\cdots,n)$。满位移设计框图如图5-5所示。

上述满位移法不仅可用于杆件结构，还可用于承受剪力的板结构(以板厚为设计变量)。由于平面板具有三个应力分量 σ_x、σ_y、τ_{xy}，必须对相应公式作如下处理：

在FSD中使用相当应力 $\tilde{\sigma}=(\sigma_x{}^2+\sigma_y{}^2-\sigma_x\sigma_y+3\tau_{xy}^3)^{1/2}$

凡出现$\dfrac{\overline{\sigma_i}\sigma_i}{E\rho_i}$的地方都换成$\dfrac{1}{\rho_i}\left[\dfrac{(\sigma_x-\mu\sigma_y)\overline{\sigma_x}+(\sigma_y-\mu\sigma_x)\overline{\sigma_y}}{E}+\dfrac{\tau_{xy}\overline{\tau_{xy}}}{G}\right]_i$

通过上述推导可以看出，满位移设计迭代公式是根据拉氏公式推导出来的，这种根据优化设计理论推导出的准则不同于满应力那样的感性准则，因而被称为理性准则，同属于理性准则的还有能量准则。

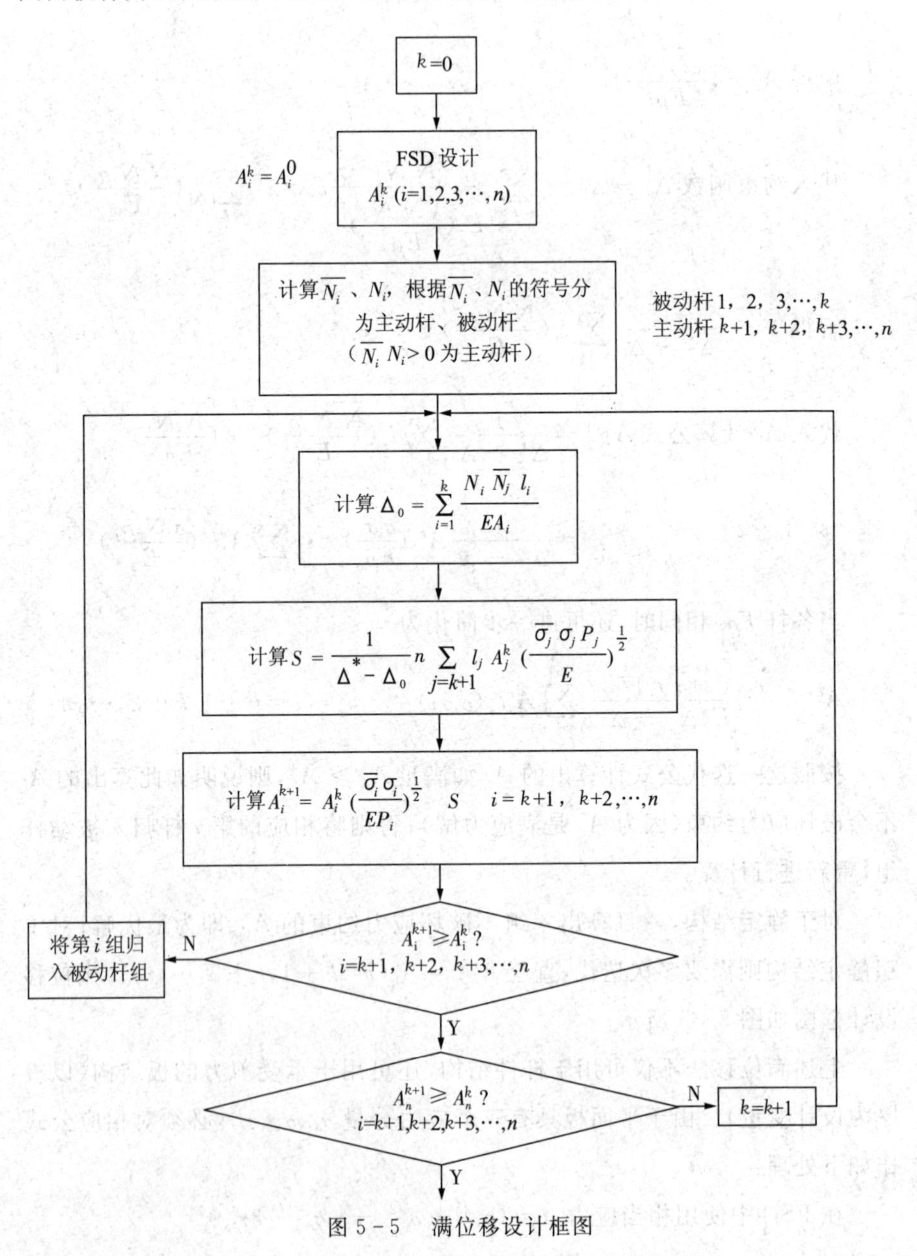

图 5-5　满位移设计框图

§5-3　能量准则

根据优化设计理论推导出的准则称为理性准则，前面介绍的满位移设计准则是根据等式约束优化设计的拉氏公式推导出来的，其具体步骤如下：

对于优化问题

$\min \quad f(x)$

$\text{s.t.} \quad h(x)=0$

构造拉氏函数　$L=f(x)+\lambda h(x)$

由　$\dfrac{\partial L}{\partial x_i}=\dfrac{\partial f}{\partial x_i}+\lambda\dfrac{\partial h}{\partial x_i}=0$ 解得 $\dfrac{1}{\lambda}=-\dfrac{\dfrac{\partial h}{\partial x_i}}{\dfrac{\partial f}{\partial x_i}}$

这表明：对于每个设计变量 x_i，只要使 $-\dfrac{\dfrac{\partial h}{\partial x_i}}{\dfrac{\partial f}{\partial x_i}}$ 均等于同一个 $\dfrac{1}{\lambda}$，则可得最优解。只要先求得 λ 的数值，那么各个 x_i 就很容易通过上述准则求得了。事实上，前面介绍的满位移设计就是先求得 λ，然后再计算出 A_i 的。

拉氏公式只能用于等式约束优化问题，对于不等式约束优化问题则应当利用 $K-T$ 条件建立设计准则，方法如下：

对于优化问题

$\min \quad f(x)$

$\text{s.t.} \quad g(x)\leqslant 0$

其 $K-T$ 条件为　$\dfrac{\partial f(x^*)}{\partial x_i}+\lambda\dfrac{\partial g(x^*)}{\partial x_i}=0$，解得 $\dfrac{1}{\lambda}=-\dfrac{\dfrac{\partial g}{\partial x_i}}{\dfrac{\partial f}{\partial x_i}}$，同样，只要先求得 λ 的数值，那么各个 x_i 就很容易通过上述准则求得。

下面介绍两种常用的能量准则：虚应变能准则和应变能密度准则。

1. 虚应变能准则

对于仅有单一位移约束（不等式约束）的结构优化问题：

$$\min \quad f(x)=\sum_i \rho_i A_i l_i$$

$$\text{s.t.} \quad \Delta=\sum_{i=1}^{n}\frac{\overline{N_i}N_i}{EA_i}l_i\leqslant\Delta^* \quad \text{即} \quad \sum_{i=1}^{n}\frac{\overline{N_i}N_i}{EA_i}l_i-\Delta^*\leqslant 0$$

取 $x_i=A_i \qquad (i=1,2,\cdots,n)$

$$\frac{\partial f}{\partial x_i}=\rho_i l_i \quad \frac{\partial g}{\partial x_i}=-\frac{\overline{N_i}N_i l_i}{EA_i^2}$$

$$\text{则} \ \frac{1}{\lambda}=\frac{\dfrac{\overline{N_i}N_i l_i}{EA_i^2}}{\rho_i l_i}=\frac{\dfrac{\overline{N_i}N_i}{EA_i^2}}{\rho_i}$$

因为虚应变能可以表示为$U=\sum_{i=1}^{n}\frac{\overline{N_i}N_i}{EA_i}l_i$，所以$\frac{\overline{N_i}N_i l_i}{EA_i}$可视为单一杆件的虚应变能$U_i$；单根杆件的体积为$V_i=A_i l_i$，则$\frac{U_i}{V_i}=\frac{\frac{\overline{N_i}N_i l_i}{EA_i}}{A_i l_i}=\frac{\overline{N_i}N_i}{EA_i^2}$，称为虚应变能密度，可见，它恰为上述$\frac{1}{\lambda}$表达式的分子部分，于是得到下述设计准则：

具有单一位移约束的最小重量结构，其各单元的虚应变能密度与容重的比值为同一常数。

当各杆容重相同时，可进一步表达为：

具有单一位移约束且各单元容重相等的最小重量结构，其各单元的虚应变能密度相同，即虚应变能均匀分布。

由于这一准则是通过虚应变能密度加以表述的，因此属于能量准则。

仿照满位移法的推导步骤，先由$\frac{1}{\lambda}=\frac{\overline{N_i}N_i}{EA_i^2\rho_i}$构造$A_i$的迭代公式$A_i=\left(\frac{\lambda\overline{N_i}N_i}{E\rho_i}\right)^{1/2}$，再将其代入约束函数解出$\sqrt{\lambda}$的表达式，最后将$\sqrt{\lambda}$的表达式代回$A_i$的表达式就可以得到$A_i$的迭代公式，当迭代至$A_i^{k+1}=A_i^k \quad (i=1,2,\cdots,n)$时取得最优解。

2. 应变能密度准则

各种能量准则的基本思路是充分发挥材料贮存弹性变形能的能力，即在不违反应力、位移约束的情况下，能最大限度地贮存弹性变形能的结构就是用料最省、重量最轻的结构。

考虑同时受一组载荷 $P=[P_1 \quad P_2 \quad \cdots \quad P_n]^{\mathrm{T}}$ 作用的桁架结构，由 n 根杆组成

$$\min \quad f(x)=\sum_i \rho_i A_i l_i$$

$$\text{s.t.} \quad U \leqslant U^* \quad \text{即} \ U-U^* \leqslant 0$$

这里的
$$U=\frac{1}{2}P^{\mathrm{T}}u \tag{5-3}$$

是用外力实功表示的弹性变形能，称为总变形能，u 是力作用点沿作用方向的位移：

$$U=[u_1 \quad u_2 \quad \cdots \quad u_m]^{\mathrm{T}}$$

因此，总变形能约束是一个综合性的位移约束，而不是虚应变能密度准则中的仅有单一位移约束。

将平衡条件 $P=K\,u$ 代入式(5-3)得

$$U=\frac{1}{2}u^{\mathrm{T}}K\,u \tag{5-4}$$

上述优化问题的最优解应满足 $K-T$ 条件

$$\frac{\partial f}{\partial A_i}+\lambda\frac{\partial U}{\partial A_i}=0 \quad (i=1,2,\cdots,n)$$

其中 $\dfrac{\partial f}{\partial A_i}=\rho_i l_i$

下面讨论 $\dfrac{\partial U}{\partial A_i}$ 的表达式：

由式(5-3)
$$\frac{\partial U}{\partial A_i}=\frac{1}{2}P^{\mathrm{T}}\frac{\partial u}{\partial A_i}$$

所以
$$P^{\mathrm{T}}\frac{\partial u}{\partial A_i}=2\frac{\partial U}{\partial A_i} \tag{5-5}$$

由式(5-4)得

$$\begin{aligned}\frac{\partial U}{\partial A_i}&=\frac{1}{2}\left[\left(\frac{\partial u}{\partial A_i}\right)^{\mathrm{T}}Ku+u^{\mathrm{T}}\frac{\partial K}{\partial A_i}u+u^{\mathrm{T}}K\frac{\partial u}{\partial A_i}\right]\\&=\frac{1}{2}\left[\left(\frac{\partial u}{\partial A_i}\right)^{\mathrm{T}}P+u^{\mathrm{T}}\frac{\partial K}{\partial A_i}u+P^{\mathrm{T}}\frac{\partial u}{\partial A_i}\right]\\&=\frac{1}{2}\left[P^{\mathrm{T}}\frac{\partial u}{\partial A_i}+u^{\mathrm{T}}\frac{\partial K}{\partial A_i}u+P^{\mathrm{T}}\frac{\partial u}{\partial A_i}\right]\\&=P^{\mathrm{T}}\frac{\partial u}{\partial A_i}+\frac{1}{2}u^{\mathrm{T}}\frac{\partial K}{\partial A_i}u\end{aligned}$$

将式(5-5)代入上式得

$$\frac{\partial U}{\partial A_i}=2\frac{\partial U}{\partial A_i}+\frac{1}{2}u^{\mathrm{T}}\frac{\partial K}{\partial A_i}u \text{ 即} \frac{\partial U}{\partial A_i}=-\frac{1}{2}u^{\mathrm{T}}\frac{\partial K}{\partial A_i}u$$

考虑到在整体刚阵中只有与第 i 杆有关的元素含有 A_i,因此求导后,与其他 $n-1$ 杆有关的元素均为0。

又考虑到由于单元平衡方程为

$$\begin{bmatrix} x_i \\ y_y \end{bmatrix}=\begin{bmatrix} \frac{EA}{l} & -\frac{EA}{l} & u_i \\ -\frac{EA}{l} & \frac{EA}{l} & v_i \end{bmatrix}$$

因此,与第 i 杆有关的元素与 A_i 成正比。

所以 $\frac{\partial K}{\partial A_i}$ 可写为 $\frac{K_i}{A_i}$(这里的 K_i 为 K 的同阶矩阵,但仅含与第 i 单元有关的元素)

将 $\frac{K_i}{A_i}$ 代入 $\frac{\partial U}{\partial A_i}$ 得 $\quad \frac{\partial U}{\partial A_i}=-\frac{1}{2A_i}u^{\mathrm{T}}K_iu=-\frac{U_i}{A_i}$

因此,$\frac{\partial f}{\partial A_i}+\lambda\frac{\partial U}{\partial A_i}=\rho_i l_i+\lambda\left(-\frac{U_i}{A_i}\right)=0$,整理得 $\quad \frac{1}{\lambda}=\frac{U_i}{\rho_i l_i A_i}=\frac{U_i}{W_i}$

$\frac{U_i}{W_i}$ 为第 i 杆单位重量材料中所贮存的应变能,称之为应变能密度。

这一公式表明:当该优化问题取得最优解(满足 $K-T$ 条件)时,各杆单位重量材料中所贮存的应变能即应变能密度均为同一常数 $\frac{1}{\lambda}$,且此时结构的总应变能为

$U=\sum_{i=1}^{n}U_i=\frac{1}{\lambda}\sum_{i=1}^{n}W_i=\frac{W}{\lambda}$,即总应变能密度 $\frac{U}{W}=\frac{1}{\lambda}$

也就是说,当优化问题取得最优解时,各杆应变能密度相等且等于总应变能密度。

这时,$U=U^*$,$W=W_{\min}$,$\frac{U}{W}=\frac{U^*}{W_{\min}}$ 取得最大值,正如事先所预想的:在不违反应力、位移约束的前提下,应变能密度最大时(最大限度贮能时),结构重量最轻。

这就是应变能密度准则,它可以完整地表述为,满足 $U\leqslant U^*$ 约束的结

构最轻设计的能量准则是各杆件应变能密度相同，且等于总应变能密度。

具体的迭代公式可作如下推导：

观察第 i 杆应变能密度与总应变能密度之比（总应变能密度中的 U 取为 U^*）：

$$\frac{U_i}{W_i}\Big/\frac{U^*}{W}$$

当结构未达到最优（重量最轻）时，分子小于分母，比值小于 1；

当结构达到最优时，$W=W_{\min}$，且分子等于分母，比值等于 1。

当结构未达到最优时，理应减小 A_i 以减轻结构重量，增大应变能密度，因此，以第 i 杆应变能密度与总应变能密度之比作为截面 A_i 的调整系数，即

$$A_i^{k+1}=A_i^k\left(\sqrt{\frac{U_iW}{W_iU^*}}\right)k$$

当结构达到最优时，$\sqrt{\dfrac{U_iW}{W_iU^*}}=1, A_i^{k+1}=A_i^k$。其程序框图如图 5－6 所示。

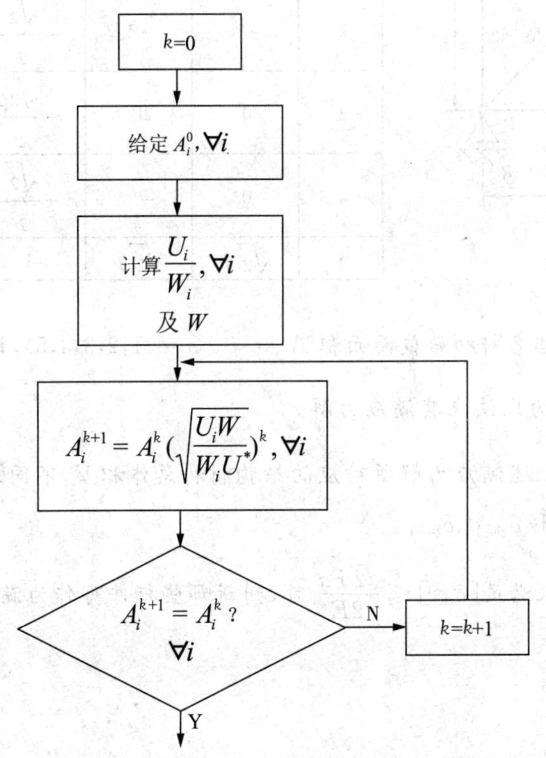

图 5－6　结构达到最优时的程序框图

思考与练习

1. 结构优化从高到低可划分为________优化、________优化、________优化、________优化、________优化五个层次。

2. 为什么超静定桁架结构在单一工况下不能实现满应力设计？

3. 两工况静定桁架如下图：$P_{\mathrm{I}x}=P_{\mathrm{II}x}=-P$　　$P_{\mathrm{I}y}=P_{\mathrm{II}y}=2P$

工况Ⅰ时：$R_{Ax}=P$　　$R_{Ay}=-P$　　$R_{Dy}=-P$

工况Ⅱ时：$R_{Ax}=P$　　$R_{Ay}=P$　　$R_{Dy}=-3P$

不同工况下各杆内力 N_{ij}、图示虚载荷作用下的各杆内力 N_{ij}^0，以及各杆杆长如下表：

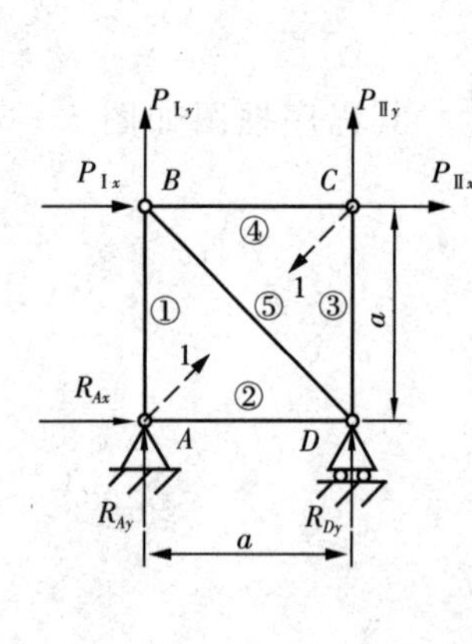

No.	$N_{i\mathrm{I}}$	$N_{i\mathrm{II}}$	N_i^0	l_i
1	P	-P	$-\frac{\sqrt{2}}{2}$	a
2	-P	-P	$-\frac{\sqrt{2}}{2}$	a
3	0	2P	$-\frac{\sqrt{2}}{2}$	a
4	0	-P	$-\frac{\sqrt{2}}{2}$	a
5	$\sqrt{2}\ P$	$\sqrt{2}\ P$	1	$\sqrt{2}\ a$

试求：(1) 当各杆初始截面面积 $A_i=i\quad(i=1,2,3,4,5)$，许用应力$[\sigma]=\pm\dfrac{D}{2}$时，用应力比法求其满应力解。

(2) 计算上述满应力解所对应的结构材料总体积 V，不同工况下 A、C 两点间的相对位移 $\delta_{AC\mathrm{I}}$、$\delta_{AC\mathrm{II}}$。

(3) 当要求满足$[\delta_{AC}]\leqslant\dfrac{\sqrt{2}\,Pa}{2E}$时，判断哪些杆件可作为满位移设计中的主动杆。

第6章　数学规划法

第5章介绍了最主要最常用的几种力学准则法，从中可以看到：力学准则法具有算法简单的特点，但是在应用范围上却具有很大的局限性，表现如下：

它们主要适用于杆件结构，对于更一般的连续弹性体就差强人意；

它们只能适用于具有单一约束的问题，当应力、位移甚至频率约束共存的时候就“无用武之地”。

与此不同的是，本章介绍的数学规划法能适应各种复杂情况。鉴于研究生已学习过优化课程，因此本章不叙述优化设计的术语、概念、基本理论和具体优化方法，而是集中研究结构优化本身具有的一些带有个性或特殊性的问题，介绍解决这些问题的技术关键、技术手法甚至一些具体的技巧。要研究这些问题，首先需从结构优化的数学模型入手。前文提到结构优化的数学模型如下：

min　结构材料体积(重量、造价)

s. t.　(动)应力约束

(动)位移约束

几何约束

(频率约束)

设计变量是一些几何参数：截面面积、长度等。

从中可以看到：结构优化是一个约束优化问题。因为材料的合理分配，要以满足强度、刚度等性能指标及几何空间约束为前提，不受任何约束的结构、不带有任何性能指标的结构、在空间不受任何限制的结构都是不存在的。

结构优化是一个高维问题。用来描述一个结构的几何参数一般都很多，这从有限元分析的数据准备中就可以体会到。高维问题会给优化带来效率问题。

在结构优化数学模型中，约束函数中的应力约束和位移约束一般都是设计变量的隐函数，往往通过求解一组线性方程组或者通过运算一系列的矩阵方程才能得到(有限元)。然而，在绝大多数优化解析算法中都需要计算目标函数和约束函数的梯度，由于约束函数(应力、位移）本身不是显函数，因而不能得到其偏导函数的解析式，所以优化过程中只能通过差分(前向差分、中心差分)来计算梯度。但是，对于一个有n个变量的结构优化问题来说，如果调用有限元程序进行差分计算，每计算一次梯度就要调用$n+1$次有限元程序：

计算 $f(x_1^0 \quad x_2^0 \quad \cdots \quad x_n^0)$；

计算 $f(x_1^0+\Delta x_1 \quad x_2^0 \quad \cdots \quad x_n^0)$；

计算 $f(x_1^0 \quad x_2^0+\Delta x_2 \quad \cdots \quad x_n^0)$；

…

计算 $f(x_1^0 \quad x_2^0 \quad \cdots \quad x_n^0+\Delta x_n)$。

在优化过程中，梯度计算需要多次进行，用这种方法来计算，非常耗费机时。

本章将围绕上述几个问题，介绍用数学规划法进行结构优化的一些独特处理方法。

§6-1　结构优化数学模型的简化处理

1. 设计变量数目的缩减

不管用哪种优化方法，设计变量太多时，优化效率都会受到影响。结构优化的设计变量常常几百个甚至上千个，因而适当缩减设计变量的数目(这里的适当是指不影响工程设计所要求的精度）是十分有意义的。具体来说可采用以下一些方法：

对结构中只承受局部载荷或受力较小的构件(部分）尺寸取为已知常

量，因为这些构件（部分）的尺寸对整体优化影响不大。

根据设计经验，预先确定某些设计变量间的比例关系。例如在杆系结构中，可预先确定某些杆件取同样的截面面积，这样把全部杆件分为若干组，每组取一种截面面积。有时还可预先确定各组之间截面面积的比例关系，例如确定 $A_{\mathrm{II}}=\alpha A_{\mathrm{I}}$。第Ⅱ组杆件的截面面积也可以用第一组截面面积来表示（乘以比例常数 α）。

利用截面几何参数之间的近似关系。例如：工字钢可取

$$A=a\,I^{\alpha}\qquad\qquad S=b\,I^{\beta}$$

其中：A 为截面面积，S 为抗弯模量，I 为惯性矩，a、b、α、β 为统计常数。这样，A、S 都可以用 I 表示。

又如，有文献将工字形截面近似表示为如图 6－1 所示的图形：

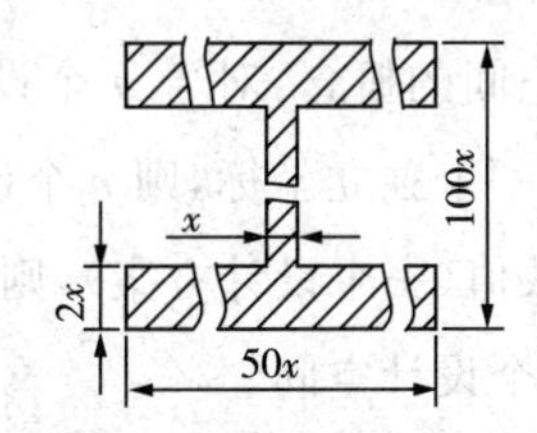

图 6－1　工字钢截面几何参数

这样，用一个变量 x 就可以描述截面的几何参数。

2. 结构优化数学模型的线性化

结构优化一般是一个非线性规划问题，对于大多数优化方法来说，优化数学模型的非线性程度越高，计算精度就越会受到影响（因为大多数优化方法中只用到二阶信息 Hesse 阵）。

从另一角度来看，线性规划是最成熟的优化方法（单纯形法），一般情况下运用该方法能得到全局最优解（凸规划）。如果将结构优化数学模型变换为线性模型，无疑是具有价值的。

下面介绍两种处理方法：

(1) 在杆系结构优化中，当以截面面积 A、惯性矩 J 等为设计变量时，它们往往位于分母上，如：

$$\sum = \frac{N}{A} \quad \Delta = \sum \frac{\overline{N_i}N_i l_i}{EA_i} \quad \tau = \frac{QS^*}{Jb} \quad \theta = \frac{Ml}{EJ}$$

$$\Delta = \sum [\int \frac{\overline{N}N}{EA}\mathrm{d}l + \int \frac{\overline{M}M}{EJ}\mathrm{d}\theta + \int k\frac{\overline{Q}Q}{GA}\mathrm{d}l]$$

这样，应力、位移都是A、J的非线性函数。但是如果令$x=\frac{1}{A}$或$x=\frac{1}{J}$，那么上述函数均成为x的线性函数。虽然这种处理会使原本为线性的目标函数$\sum \rho_i l_i A_i$非线性化，但由于目标函数形式相对简单，计算梯度时还是比处理非线性函数的应力、位移约束容易。此外，还有一些优化方法特别有利于处理目标函数为非线性函数而约束函数为线性函数的优化问题，如二次规划方法，实践也证实这种处理改善了优化效果。

(2) 引入性态空间的概念。

在优化理论中有设计空间的概念：对于n个设计变量的优化设计问题，将每一个变量看成一维，即一个独立坐标，则n个设计变量张成n维的空间，该n个设计变量每取一组数值(一个设计方案)，则对应于设计空间中的一个点，所有设计方案则构成整个设计空间。

在结构优化特别是需要运用有限元计算的结构优化中，引入性态空间的概念是十分有必要的。所谓性态空间，是在设计空间的基础上再增加一些坐标(维)，这些坐标是描述结构性态的量，具体来说就是应力和位移。本来，在设计空间中这些性态变量不是独立的，它们是设计变量(几何参数)的函数，但在性态空间中，也将其作为独立变量看待，因此，由几何变量(设计变量)和性态变量张成的空间称作性态空间。

定义性态空间有利于解决不少问题，其中包括将原来非线性的优化问题线性化。下面举桁架设计中的所谓“两相优化法”为例：

设有n根杆件m个结点位移自由度组成的平面桁架，其结构优化数学模型原本为

$$\min \sum_{i=1}^{n} \rho_i l_i A_i$$

s. t. $\quad \sigma_{i\,下}^{*} \leqslant \sigma_i \leqslant \sigma_{i\,上}^{*}$ (应力约束)

$u_{j\text{下}}^{*} \leqslant u_j \leqslant u_{j\text{上}}^{*}$　（位移约束）

$A_{i\text{下}}^{*} \leqslant A_i \leqslant A_{i\text{上}}^{*}$　（几何约束）

设计变量为 $A_i(i=1,2,\cdots,n)$，σ_i、u_j 均为 A_i 的非线性隐函数。

现在引入性态空间的概念，以 $A_i(i=1,2,\cdots,n)$、$u_j(j=1,2,\cdots,m)$ 为独立变量。在性态空间中，优化数学模型将发生变化：

目标函数不变，仍为 $\min \sum_{i=1}^{n} \rho_i l_i A_i$

再看约束函数：

应力约束 $\sigma_{i\text{下}}^{*} \leqslant \sigma_i \leqslant \sigma_{i\text{上}}^{*}$ 形式未变，但实际上 σ_i 已成为 A_i、u_j 的函数，而不是 A_i 的函数，下面还要给出其具体形式；

位移约束 $u_{j\text{下}}^{*} \leqslant u_j \leqslant u_{j\text{上}}^{*}$ 形式未变，但实际上 u_j 已不是函数而是变量，成为和几何约束一样的变量上下界约束（线性）；

几何约束 $A_{i\text{下}}^{*} \leqslant A_i \leqslant A_{i\text{上}}^{*}$ 不变。

由于 u_j 原本不是独立变量，因此还要将其与真正独立变量的关系作为补充约束加入到模型中，可将有限元的整体平衡方程作为补充约束：

$$[K]\{u\} = \{P\}$$

其中：$\{P\}$ 为常向量、$[K]$ 为 A_i 的函数，为进一步表明$[k]$ 与 A_i 的关系，根据杆单元有限元法，可将$[K]$ 分解为$[C]^{\mathrm{T}}[\tilde{k}][C]$，即

$$[C]^{\mathrm{T}}[\tilde{k}][C]\{u\} = \{P\}$$

其中：$[C]$ 为单元坐标转换矩阵，n 行 m 列，每行对应一杆，每列对应一结点自由度，其元素均为各杆轴线相对于整体坐标系的方向余弦，与 A_i 无关，因此可视为常矩阵。

$[\tilde{k}]$ 为局部坐标系下的各杆刚阵，实际上是由各杆刚度系数组成的 n 阶方阵（对于桁架中的杆，只有一种变形 Δl 和一种内力 N，因为 $\sigma = \dfrac{N}{A} = E$、$\varepsilon = E\dfrac{\Delta l}{l}$，所以 $k = \dfrac{N}{\Delta l} = \dfrac{EA}{l}$）：

$$[\bar{k}]=\begin{vmatrix}\frac{EA_1}{l_1} & 0 & \cdots & 0\\ 0 & \frac{EA_2}{l_2} & \cdots & 0\\ \vdots & \vdots & & \vdots\\ 0 & 0 & \cdots & \frac{EA_n}{l_n}\end{vmatrix}$$

可将其分解为两个 n 阶方阵的乘积：

$$[\bar{k}]=[k][A]\begin{bmatrix}\frac{E}{l_1} & 0 & \cdots & 0\\ 0 & \frac{E}{l_2} & \cdots & 0\\ \vdots & \vdots & & \vdots\\ 0 & 0 & \cdots & \frac{E}{l_n}\end{bmatrix}\cdot\begin{bmatrix}A_1 & 0 & \cdots & 0\\ 0 & A_2 & \cdots & 0\\ \vdots & \vdots & & \vdots\\ 0 & 0 & \cdots & A_n\end{bmatrix}$$

前者与 A_i 无关，后者则为设计变量 A_i 组成的矩阵，这样，整体平衡方程可改写为

$$[C]^{\mathrm{T}}[k][A]\,[C]\,\{u\}=\{P\}$$

相应地，应力约束函数也可以改写成矩阵形式：

$$\{\sigma\}=[k]\,[C]\{u\}$$

于是在性态空间下，桁架结构优化数学模型就成为

$$\min\quad\sum_{i=1}^{n}\rho_i l_i A_i$$

s. t. $\quad[C]^{\mathrm{T}}[k][A]\,[C]\,\{u\}=\{P\}$

$\{\sigma_{下}{}^{*}\}\leqslant[k]\,[C]\{u\}\leqslant\{\sigma_{上}{}^{*}\}$

$u_{j\,下}^{*}\leqslant u_j\leqslant u_{j\,上}^{*}$

$A_{i\,下}^{*}\leqslant A_i\leqslant A_{i\,上}^{*}$

设计变量为 $A_i(i=1,2,\cdots,n)$，$u_j(j=1,2,\cdots,m)$。

这一数学模型有两个特点：

应力约束函数只与$\{u\}$有关，$[k]$、$[C]$均为常矩阵，因此，应力约束函数就成为位移$\{u\}$的线性函数，而位移约束、几何约束只是变量的上下限约束，当然是线性的；

平衡方程与$\{u\}$、$[A]$同时相关，但如果$\{u\}$已知，则成为$[A]$的线性函数。

这样，就可以设想出一种“两步走”的优化策略 —— 两相优化：

第一步：利用应力约束 $\{\sigma_{下}{}^{*}\} \leqslant [k][C]\{u\} \leqslant \{\sigma_{上}{}^{*}\}$ 以及位移约束 $u_{j}^{*}{}_{下} \leqslant u_{j} \leqslant u_{j}^{*}{}_{上}$，求出最优位移状态。求最优位移状态需要有目标函数，可以所谓最大总应变能准则为目标函数，即在载荷、布局、材料已知的情况下，通过调整截面，以充分发挥材料贮能（弹性变形能）的潜力。当结构贮存总应变能最大时，用材料最省。如果上述总应变能用 $W_{外}$ 表示，则有 $U=\frac{1}{2}\{P\}^{\mathrm{T}}\{u\}$，其是$\{u\}$的线性函数。

于是，这一步（称之为性态相优化）的优化数学模型为

$$\min \quad \frac{1}{2}\{P\}^{\mathrm{T}}\{u\}$$

s. t.　$\{\sigma_{下}{}^{*}\} \leqslant [k][C]\{u\} \leqslant \{\sigma_{上}{}^{*}\}$

$u_{j}^{*}{}_{下} \leqslant u_{j} \leqslant u_{j}^{*}{}_{上}$

它的特点是，仅涉及$\{u\}$不涉及$[A]$，且目标函数、约束函数均为 u_j 的线性函数，可以用线性规划求解。

在求得$\{u\}^{*}$以后进行第二步（称之为结构相优化）：

目标函数 $\min \sum_{i=1}^{n} \rho_i l_i A_i$

约束函数$[C]^{\mathrm{T}}[k][A][C]\{u\}=\{P\}$

$A_{i}^{*}{}_{下} \leqslant A_{i} \leqslant A_{i}^{*}{}_{上}$

其中平衡条件由于$\{u\}^{*}$已知而成为 A_i 的线性函数，进一步推导可得到下述形式：

$$\sum_{i=1}^{n} c_{ij}\sigma_i A_i = P_j \quad (j=1,2,\cdots,m)$$

目标函数和几何约束本来就是 A_i 的线性函数，这又是一个线性规划问题。

由此可见，引入性态空间的概念后，可将一个非线性规划问题化为两个线性规划问题求解，避免了反复调用有限元分析程序和多次迭代，使模型得到了简化。

§6－2　结构优化中的梯度计算——灵敏度(感度)分析

前面已介绍过，用数学规划法进行结构优化，需对目标函数、约束函数求梯度，而结构优化中的应力约束、位移约束均属隐函数，给梯度计算带来很大困难，本节将集中力量解决这一问题。

首先看位移约束函数对设计变量 x_i 的偏导数：

令 $u=[u_1,u_2,\cdots,u_m]^{\mathrm{T}}$、$x=[x_1,x_2,\cdots,x_n]^{\mathrm{T}}$，则

$$\frac{u}{x}=\begin{bmatrix}\frac{\partial u_1}{\partial x_1} & \frac{\partial u_1}{\partial x_2} & \cdots & \frac{\partial u_1}{\partial x_n}\\ \frac{\partial u_2}{\partial x_1} & \frac{\partial u_2}{\partial x_2} & \cdots & \frac{\partial u_2}{\partial x_n}\\ \vdots & \vdots & & \vdots\\ \frac{\partial u_m}{\partial x_1} & \frac{\partial u_m}{\partial x_2} & \cdots & \frac{\partial u_m}{\partial x_n}\end{bmatrix}\text{为 } m\times n \text{ 阶矩阵。}$$

求$\frac{\partial u}{\partial x}$有两种基本方法：拟载法和虚载法。它们都是借助平衡方程 $Ku=P$ 推导出的。

拟载法：

$Ku=P$ 等式两边对 x_i 求偏导：

$k\frac{\partial u}{\partial x_i}+\frac{\partial K}{\partial x_i}u=\frac{\partial P}{\partial x_i}=0$（因为 P 为常向量）

即 $k\frac{\partial u}{\partial x_i}=-\frac{\partial K}{\partial x_i}u$

与 $Ku=P$ 相比较，两式等号左边结构形式相同：u 和$\frac{\partial u}{\partial x_i}$均为待求的列

向量；不同的是 $Ku=P$ 等号右边为载荷列向量 P，而上式为 $-\frac{\partial K}{\partial x_i}u$。如果将 $-\frac{\partial K}{\partial x_i}u$ 作为虚拟载荷，通过求解矩阵方程（线性方程组）$k\frac{\partial u}{\partial x_i}=-\frac{\partial K}{\partial x_i}u$，就可以求出 $\frac{\partial u}{\partial x}$。用拟载法求 $\frac{\partial u}{\partial x}$ 的步骤如下：

（1）由矩阵方程 $Ku=P$ 求出 u；

（2）求出 $\frac{\partial K}{\partial x_i}$；

（3）构造虚拟载荷 $\tilde{P}=-\frac{\partial K}{\partial x_i}u$（拟载法的名称来由）；

（4）解一次矩阵方程 $k\tilde{u}=\tilde{P}$，求出的 $\tilde{u}$ 就是 $\frac{\partial u}{\partial x}$，即 $[\frac{\partial u_1}{\partial x_i}\quad \frac{\partial u_2}{\partial x_i}\quad \cdots \quad \frac{\partial u_m}{\partial x_i}]^{\mathrm{T}}$（如果要求出 $\frac{\partial u}{\partial x}$ 的所有分量，这一过程就要进行 n 次）。

虚载法：

为求第 j 个位移分量 u_j 对 x_i 的偏导数，定义 m 维单位载荷列向量

$E_j=[0\ 0\ 0\ \cdots\ 1\ \cdots\ 0\ 0\ 0]^{\mathrm{T}}$（除了第 j 个元素为1，其他元素均为0）

由平衡方程 $Ku'=E_j$ 求出 u'，它是单位载荷 E_j 作用下的位移。

上式两边同时乘以 u^{T}，即

$u^{\mathrm{T}}Ku'=u^{\mathrm{T}}E_j=u_j$

则
$$\frac{\partial u_j}{\partial x_i}=\frac{\partial u}{\partial x_i}^{\mathrm{T}}Ku'+u^{\mathrm{T}}\frac{\partial K}{\partial x_i}u'+u^{\mathrm{T}}K\frac{\partial u'}{\partial x_i} \tag{6-1}$$

因为 $K\,u=P$，所以 $k\frac{\partial u}{\partial x_i}+\frac{\partial K}{\partial x_i}u=\frac{\partial P}{\partial x_i}=0$，即 $k\frac{\partial u}{\partial x_i}=-\frac{\partial K}{\partial x_i}u$

考虑到 K 是对称阵，上式等价于
$$\left(\frac{\partial u}{\partial x_i}\right)^{\mathrm{T}}k=\frac{\partial u}{\partial x_i}^{\mathrm{T}}k=-u^{\mathrm{T}}\frac{\partial K}{\partial x_i} \tag{6-2}$$

又因为 $K\,u'=E_j$，所以
$$\frac{\partial K}{\partial x_i}u'+k\frac{\partial u'}{\partial x_i}=0\text{，即 }k\frac{\partial u'}{\partial x_i}=-\frac{\partial K}{\partial x_i}u' \tag{6-3}$$

将式(6－2)、式(6－3)代入式(6－1)得

$$\frac{\partial u_j}{\partial x_i}=-u^{\mathrm{T}}\frac{\partial K}{\partial x_i}u'+u^{\mathrm{T}}\frac{\partial K}{\partial x_i}u'-u^{\mathrm{T}}\frac{\partial K}{\partial x_i}u'=-u^{\mathrm{T}}\frac{\partial K}{\partial x_i}u'$$

因此，用虚载法求 $\frac{\partial u_j}{\partial x_i}$ 的步骤如下：

(1) 由矩阵方程 $Ku=P$ 求出 u；

(2) 由 $Ku'=E_j$ 求出 u'；

(3) 求出$\frac{\partial K}{\partial x_i}$；

(4) $\frac{\partial u_j}{\partial x_i}=-u^{\mathrm{T}}\frac{\partial K}{\partial x_i}u'$。

但求出的只是$\frac{\partial u}{\partial x}$中的一个元素。

比较拟载法和虚载法可见：当要求出$\frac{\partial u}{\partial x}$中的一列元素或若干列元素时，用拟载法效率高；如果只需求$\frac{\partial u}{\partial x}$中的一两个元素，用虚载法较方便。可以证明两者所得到的结果是一致的。

证明：

由拟载法$\frac{\partial u}{\partial x_i}=K^{-1}(-\frac{\partial K}{\partial x_i}u)=-K^{-1}\frac{\partial K}{\partial x_i}u$

由虚载法$\frac{\partial u_j}{\partial x_i}=-u^{\mathrm{T}}\frac{\partial K}{\partial x_i}u'=-u^{\mathrm{T}}\frac{\partial K}{\partial x_i}(K^{-1}E_j)=-u^{\mathrm{T}}\frac{\partial K}{\partial x_i}K^{-1}E_j$

因为$\frac{\partial u_j}{\partial x_i}=(\frac{\partial u}{\partial x_i})^{\mathrm{T}}E_j=-(K^{-1}\frac{\partial K}{\partial x_i}u)^{\mathrm{T}}E_j$

考虑到 K^{-1}、$\frac{K}{x_i}$ 均为对称阵，所以$\frac{\partial u_j}{\partial x_i}=-u^{\mathrm{T}}\frac{\partial K}{\partial x_i}K^{-1}E_j$ 恰为虚载法的结果，证毕。

最后看应力约束函数对设计变量 x_i 的偏导数：

在用拟载法或虚载法计算出$\frac{\partial u}{\partial x}$后，$\frac{\partial \sigma}{\partial x}$的问题就很好地解决了，这是因为在有限元中 σ 是 u 的函数：$\sigma=Su$，所以

$\frac{\partial \sigma}{\partial x_i}=\frac{\partial \sigma}{\partial u}\frac{\partial u}{\partial x_i}$，而$\frac{\partial \sigma}{\partial u}=\frac{\partial (Su)}{\partial u}=S$（因为$[S]=[D][B]=[D][L][N]$，与 u 无关），即

$$\frac{\partial \sigma}{\partial x_i}=S\frac{\partial u}{\partial x_i}$$

§6-3　二次正交回归优化设计方法

由于结构优化中的应力约束、位移约束均属隐函数，给优化过程中的梯度计算带来很大困难，简单地将有限元程序与优化算法结合在一起应用不可能得到令人满意的效果。由于优化过程中需成百上千次地调用有限元程序计算约束函数，使得整个优化过程所需要的时间非常长，例如研究人员曾在加工中心主轴多目标优化中尝试采用“有限元＋优化”的技术路线，结果在计算机上连续算了很长时间也没有得到最终结果，这种马拉松式的优化已失去了工程实用价值。

既然问题的症结是结构优化中的应力约束、位移约束均属隐函数，那么能否在满足工程设计精度要求的前提下用某种显函数来逼近它们？这种显函数较为理想的形式是二次函数(很多成熟的优化算法都是以二次函数为对象开发研制的)，它可以通过对原目标函数、约束函数进行二次 Taylor 展开而得到，然而，这仍然避免不了频繁调用有限元程序计算梯度和 Hesse 阵。

本节介绍一种实用的方法——二次正交回归优化设计方法。该方法利用正交表大大减少了构造二次函数过程中调用有限元程序计算目标函数、约束函数的次数，采用最小二乘法构造二次函数，通过显著性检验确认所构造的二次函数对原有隐函数的逼近精度。

1. 正交表及其在构造二次函数过程中的应用

正交表是根据数学原理制成的、用来指导多因素重复试验的一种数据表格，用它能以尽可能少的试验次数得到试验结论所必需的足够信息。在工程设计中，以一定组合的设计变量值调用分析程序进行一次分析计算，就相当于对该程序所反映的工程问题进行一次模拟试验，因此可以利用正交表，通过尽可能少的分析程序调用次数，得到构造二次函数所必需的足够信息。

正交表用符号 $L_n(k^p)$ 表示，其中：

L 表示正交表(起源于拉丁方格法);

p 表示安排试验时最多可涉及的因素数(表中的列数);

n 表示安排试验时所要进行的重复试验次数(表中的行数);

k 表示每个因素可取的试验数值数,又称水平数。

如表 6-1 所示的 $L_8(2^7)$ 正交表:

表 6-1 $L_8(2^7)$ 正交表

n \ p	1	2	3	4	5	6	7
1	1	1	1	1	1	1	1
2	1	1	−1	1	−1	−1	−1
3	1	−1	1	−1	1	−1	−1
4	1	−1	−1	−1	−1	1	1
5	−1	1	1	−1	−1	1	−1
6	−1	1	−1	−1	1	−1	1
7	−1	−1	1	1	−1	−1	1
8	−1	−1	−1	1	1	1	−1

运用正交表可以安排最多涉及 7 个因素、每个因素取两个水平(1 称为上水平,−1 称为下水平)的重复试验,只要进行 8 次试验就可以得到试验结论所必需的足够信息。

一般来说,进行涉及 7 个因素、每个因素取两个水平的试验时,如果考虑各因素各水平的一切可能搭配,需要进行 $2^7=128$ 次试验,而利用 $L_8(2^7)$ 正交表却只要进行 8(128 的 1/16) 次试验,这正是正交表的优越性。

正交表之所以具有这种性能,是因为它的正交性质保证了各因素各水平的搭配组合具有均匀分散性和整齐可比性,因而能用少量的试验可靠地得出试验结论。

使用正交表的目的是构造二次函数。

$$f(\overline{X})=\beta_0+\sum_{i=1}^{p}\beta_i x_i+\sum_{1\leqslant i<j\leqslant P}^{t_1}\beta_{ij}x_i x_j+\sum_{i=1}^{p}\beta_{ii}x_i^2 \tag{6-4}$$

其中：p 为变量数；β_0 为常数项；$\beta_i x_i$ 为一次项，共有 p 项；

$\beta_{ij}x_i x_j$ 为交叉项，共有 $t_1=C_p^2$ 项；$\beta_{ii}x_i^2$ 为平方项，共有 p 项。

式(6-4)中共有 $2p+C_p^2+1$ 个系数需要确定，因此总试验次数(等价于调用分析程序计算目标函数或约束函数值的次数)不得少于 $2p+C_p^2+1$ 次。例如，对于有3个独立变量的设计问题构造上述形式的二次函数，就有10个系数需要确定，如果利用 $L_8(2^7)$ 正交表构造这个二次函数，由于 $L_8(2^7)$ 正交表只安排8次试验，显然不足以用来计算10个待定系数，必须对初始正交表进行增广处理。

$L_8(2^7)$ 正交表进行3因素试验时各试验点在设计空间中的分布状况如图6-2所示：

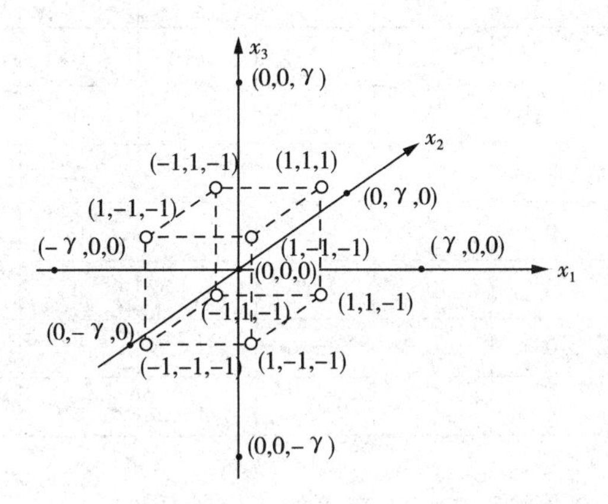

图6-2 3因素正交试验点分布图

图6-2中这些点(用空心圆圈表示)分布在用虚线围成的正方体8个顶点上，如果增加坐标轴上的点(图中用实心圆圈表示)，γ 值的确定方法如下：

$(\gamma,0,0)$、$(0,\gamma,0)$、$(0,0,\gamma)$、$(-\gamma,0,0)$、

$(0,-\gamma,0)$、$(0,0,-\gamma)$、$(0,0,0)$

便使试验点总数达到 $8+7=15$ 个，从而满足构造式(6-4)所需的试验次数，使正交表成为下面的形式(表6-2)：

表 6-2 增广正交表

n \ p	x_1	x_2	x_3	4	5	6	7
1	1	1	1	1	1	1	1
2	1	1	−1	1	−1	−1	−1
3	1	−1	1	−1	1	−1	−1
4	1	−1	−1	−1	−1	1	1
5	−1	1	1	−1	−1	1	−1
6	−1	1	−1	−1	1	−1	1
7	−1	−1	1	1	−1	−1	1
8	−1	−1	−1	1	1	1	−1
9	γ	0	0	0	0	0	0
10	$-\gamma$	0	0	0	0	0	0
11	0	γ	0	0	0	0	0
12	0	$-\gamma$	0	0	0	0	0
13	0	0	γ	0	0	0	0
14	0	0	$-\gamma$	0	0	0	0
15	0	0	0	0	0	0	0

增加这些试验点并不破坏正交表的正交性质。

利用正交表构造二次函数时，各一次项、交叉项和平方项都占表中一列。在正交表中原来就有一些列称为交互作用列，即这些列的元素恰好是表中另两列元素的乘积，例如，第 4 列中的元素恰好是第 1、2 列元素的乘积；第 5 列中的元素恰好是第 1、3 列元素的乘积；第 6 列中的元素恰好是第 2、3 列元素的乘积。因此，在第 1、2、3 列安排 x_1、x_2、x_3 的情况下，第 4 列恰好对应交叉项 x_1x_2，第 5 列恰好对应 x_1x_3，第 6 列恰好对应 x_2x_3（第 7 列因用不上可删去）。再在表中增加一些表示平方项的列，使正交表成为下面的形式（表 6-3）：

表6-3　增加平方项的增广正交表

n' \ p'	x_1	x_2	x_3	x_1x_2	x_1x_3	x_2x_3	x_1^2	x_2^2	x_3^2
1	1	1	1	1	1	1	1	1	1
2	1	1	−1	1	−1	−1	−1	1	1
3	1	−1	1	−1	1	−1	−1	1	1
4	1	−1	−1	−1	−1	1	1	1	1
5	−1	1	1	−1	−1	1	−1	1	1
6	−1	1	−1	−1	1	−1	1	1	1
7	−1	−1	1	1	−1	−1	1	1	1
8	−1	−1	−1	1	1	1	−1	1	1
9	γ	0	0	0	0	0	γ^2	0	0
10	$-\gamma$	0	0	0	0	0	γ^2	0	0
11	0	γ	0	0	0	0	0	γ^2	0
12	0	$-\gamma$	0	0	0	0	0	γ^2	0
13	0	0	γ	0	0	0	0	0	γ^2
14	0	0	$-\gamma$	0	0	0	0	0	γ^2
15	0	0	0	0	0	0	0	0	0

平方项的加入，破坏了正交表的正交性，但是一系列的推导表明：只要γ满足

$$\gamma^4 + n\gamma^2 - \frac{n}{4}(2p+1) = 0 \tag{6-5}$$

其中：p为独立变量数，n为基本正交表的试验次数。

对平方项进行中心化处理：$x'_{ij} = x_{ij}^2 - \frac{1}{n'}\sum_{j=1}^{n'} x_{ij}^2$　　(6-6)

其中n'为修改后的试验次数，就可以保证增广正交表仍然保持其正交性。

2. 二次回归分析与显著性检验

进行二次回归分析构造式(6-4)的基本步骤如下：

(1) 根据独立变量数选择合适的初始正交表，确定γ的具体数值，构成增广正交表。

(2) 对独立变量的水平进行规格化处理，记第j个独立变量的上界为$Z_{j上}$，下界为$Z_{j下}$，令

$$\left.\begin{aligned} Z_{j0} &= \frac{Z_j + Z_j}{2} \\ \Delta_j &= \frac{(Z_j - Z_{j0})}{\gamma} \\ x_j &= \frac{(Z_j - Z_{j0})}{\Delta_j} \end{aligned}\right\} \tag{6-7}$$

从而使各独立变量都在$[-\gamma,\gamma]$区间内变化。

(3) 根据增广正交表中各独立变量各水平的搭配，调用n'次分析程序，算得n'个目标函数值y_i $(i=1,2,\cdots,n')$。

(4) 利用最小二乘法通过下列各式计算出回归系数：

$$\left.\begin{aligned} \beta'_0 &= \frac{1}{n'}\sum_{i=1}^{n'} y_i \\ \beta_j &= \frac{\sum_{i=1}^{n'} x_{ij} y_i}{\sum_{i=1}^{n'} x_{ij}^2} (j=1,2,\cdots,p) \\ \beta_{jk} &= \frac{\sum_{i=1}^{n'} x_{ij} x_{ik} y_i}{\sum_{i=1}^{n'} (x_{ij} x_{ik})^2} (j=1,2,\cdots,p-1;k=2,3,\cdots,pj<k) \\ \beta_{jj} &= \frac{\sum_{i=1}^{n'} x'_{ijj} y_i}{\sum_{i=1}^{n'} x'^2_{ijj}} (j=1,2,\cdots,p) \end{aligned}\right\} \tag{6-8}$$

得到二次回归方程的中间形式：

$$y(\overline{X})=\beta_0{}'+\sum_{j=1}^{p}\beta_i x_j+\sum_{j<k}\beta_{jk}x_j x_k+\sum_{j=1}^{p}\beta_{jj}x'_{jj} \tag{6-9}$$

再将式(6-6)代入式(6-9)即可得到回归方程的最终形式：

$$\left.\begin{aligned}
&y(\overline{X})=\beta'_0+\sum_{j=1}^{p}\beta_i x_j+\sum_{j<k}\beta_{jk}x_j x_k+\sum_{j=1}^{p}\beta_{jj}x_j{}^2\\
&\text{其中 } x_j=\frac{z_j-z_{j0}}{\Delta_j}\\
&z_{j0}=\frac{z_j+z_j}{2}\\
&\Delta_j=\frac{z_j-z_{j0}}{\gamma}(j=1,2,\cdots,p)
\end{aligned}\right\} \tag{6-10}$$

由于对各独立变量进行了规格化处理，所以所求出的回归系数不受变量 z_j 的单位和取值范围的影响，回归系数的大小直接反映了该变量对目标函数贡献的大小和方向。

通过显著性检验，不仅可以检验回归方程对原函数的逼近程度，而且可以根据不同的设计要求减少优化设计的变量：当显著性较强的设计变量是主要设计变量时，可以剔除那些不显著的设计变量；当显著性较弱的设计变量是主要设计变量时，可以首先将那些显著性较强的设计变量固定在某个较优的数值上作为常量处理，从而减少优化设计的变量以提高优化效率。

根据数理统计原理，回归方程的总偏差平方和 S_0 可作如下分解：

$$S_0=\sum_{i=1}^{n'}y_i-\bar{y}^2=\sum_{i=1}^{n'}(y_i-\hat{y})^2+\sum_{i=1}^{n'}(y_i-\bar{y})^2=S_e+Q \tag{6-11}$$

其中：y_i 为各次试验算得的目标函数值；

$$\bar{y}=\frac{1}{n'}\sum_{i=1}^{n'}y_i;$$

$\hat{y}$ 为通过回归方程(6-10)算得的相应点的目标函数值；

S_e 为剩余平方和，反映了除方程(6-10)中包括各项(一次项、交叉项、平方项)以外的其他因素(如三次项及更高次项等)对回归方程总偏差平方和的影响；Q 为回归平方和，反映了方程中包括的各项(一次项、交叉项、平方项)对回归方程总偏差平方和的影响，而

$$Q=\sum_{i=1}^{n'}(y-\bar{y})^2=\sum_{j=1}^{p}\beta_j\sum_{i=1}^{n'}x_{ij}y_i+\sum_{j<k}\beta_{jk}\sum_{i=1}^{n'}x_{ij}x_{ik}y_i+\sum_{j=1}^{p}\beta_{ij}\sum_{i=1}^{n'}x'_{ijj}y_i=\sum_{j=1}^{p'}Q_j$$

$$(p'=2p+C_p^2) \tag{6-12}$$

其中 Q_j $(j=1,2,\cdots,p')$ 为对应于方程中各项的偏回归平方和，反映了方程中各项对回归方程总偏差平方和的影响。

二次回归是在认为三次以上的高次项对目标函数影响不显著，因而可以忽略不计的假设前提下进行的。如果方程中某些项对目标函数影响不显著的话，那么这些项的偏回归平方和将与反映高次项的平均剩余平方和具有同样的统计分布；反之，则不具有同样的统计分布。

可以证明，统计量

$$F_i=\frac{Q_i}{S_e/f_e}$$

$$F_0=\frac{Q/f_Q}{S_e/f_e} \tag{6-13}$$

分别服从自由度为 $(1,f_e)$、(f_Q,f_e) 的 F－分布，其中 f_e，f_Q 分别称为剩余平方和及回归平方和的自由度。Q_i 的自由度为 1，因此 $f_Q=2p+C_p^2$。总偏差平方和自由度为 $n'-1$，因此剩余平方和自由度为 $n'-1-2p-C_p^2=n'-p'-1$。这样就可以通过 F－分布检验对回归方程及其中各项进行显著性分析。

对于给定的信度 α，可以查出其 F－分布临界值 F_α，如果由式(6-13)计算出的 F_j 和 F_0 大于 F_α，则认为回归方程及其中各项在给定信度上是显著的，否则是不显著的。有关显著性分析的计算，查表和比较都由程序自动进行。

3. 二次正交回归优化设计方法的应用

对照二次正交回归优化设计程序的流程框图(图 6-3)，以某隐函数(应力约束、位移约束)为例，介绍二次正交回归优化设计程序的应用步骤。

(1) 第一次运行二次正交回归优化设计程序：

输入独立变量数 t_2 和程序功能控制参数 istep(令 istep=0)，输入各独立变量上下界。

程序将根据独立变量数自动选择初始正交表、计算 γ、构造增广正交表、

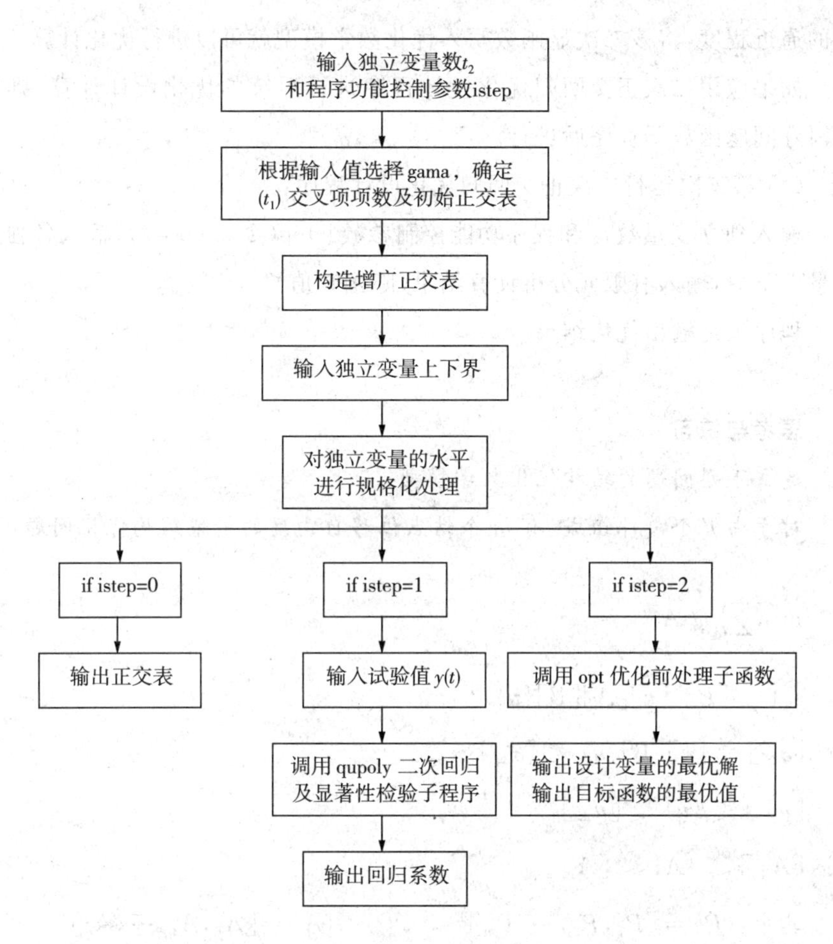

图 6-3　二次正交回归优化设计程序的流程框图

对独立变量作规格化处理，最后输出增广正交表。

(2) 根据增广正交表每一行中独立变量水平的搭配运行有限元程序(每一行运行一次)，并记录分析计算结果(隐函数值)。

(3) 第二次运行二次正交回归优化设计程序：

输入独立变量数 t_2 和程序功能控制参数 istep(令 istep=1)；输入各独立变量上下界，输入有限元分析计算结果(隐函数值)。

程序将计算回归系数并进行显著性检验，最后输出回归系数和显著性检验结果。

至此，事实上已经得到用来“替代”原隐函数的二次显函数及其对原函数的逼近程度，将该二次显函数写入优化数学模型就可以进行优化计算。

如果应用二次正交回归优化设计程序进行后续的优化设计计算，则在编写好问题函数子程序后进行。

(4) 第三次运行二次正交回归优化设计程序：

输入独立变量数 t_2 和程序功能控制参数 istep（令 istep=2），输入各独立变量上下界，输入有限元分析计算结果（隐函数值）。

程序最终输出优化结果。

思考与练习

建立下列问题的结构优化数学模型：

对于由 n 个杆件组成、有 m 个结点位移自由度的桁架结构优化问题，

$$\min \sum_{i=1}^{n} \rho_i l_i A_i$$

s.t. $[B]^T[k][A][B]\{u\} = \{P\}$

$[\sigma_下] \leqslant [k][B]\{u\} \leqslant [\sigma_上]$

$[u_下] \leqslant \{u\} \leqslant [u_上]$

$[A_下] \leqslant \{A\} \leqslant [A_上]$

其中：$\{P\} = [P_1, P_2, \cdots, P_m]^T$　　$\{A\} = [A_1, A_2, \cdots, A_n]^T$

$\{u\} = [u_1, u_2, \cdots, u_m]^T$　　$[B]$ 为几何矩阵

$$[k] = \begin{bmatrix} \frac{E_1}{l_1} & & & 0 \\ & \frac{E_2}{l_2} & & \\ & & \ddots & \\ 0 & & & \frac{E_n}{l_n} \end{bmatrix}_{n\times n} \qquad [A] = \begin{bmatrix} A_1 & & & 0 \\ & A_2 & & \\ & & \ddots & \\ 0 & & & A_n \end{bmatrix}_{n\times n}$$

试写出相应的两相（性态相、结构相）优化数学模型。

第 7 章　布局优化

§7-1　布局优化发展历史概况

关于布局优化设计最早可追溯到 1854 年，当时 Maxwell 就提出了在给定载荷和材料的条件下求单一轴力元件（桁架）结构最小体积的结构布局原理。Michell 于 1904 年在 Maxwell 提出的概念上对布局优化加以补充完善，并进行了实际应用。

在很长一段时间内，也许由于人们集中精力进行结构分析理论和方法的研究，也许因为布局优化本身的困难程度以及研究手段（计算机）的不具备，布局优化一直未得到发展。

直到 20 世纪 70 年代，德国的 Prager 才又一次展开对布局优化的研究，他首先从桁架、刚架这些“稀疏”结构的布局优化入手，继而进一步研究板、梁、实体这些“高密度”结构的布局优化，提出了布局优化的“基于连续的最优准则法”（COC 法）。

进入 20 世纪 80 年代后，关于布局优化的研究开始活跃起来，比较重要的成果除了 COC 法以外，还有 1988 年丹麦大学提出的材料密度法、英国纽卡斯特大学提出的 Imamarchian 法以及美国 Seireg 提出的切除低应力区法。作为这一发展阶段的总结，CIMS（计算机和结构力学协会）于 1990 年在意大利举办了首次“布局与形状优化高级研讨会”。

本章将介绍国内外包括合肥工业大学在结构布局优化方面取得的一些研究成果。

§7－2　Maxwell 定理

所谓 Maxwell 定理是关于桁架布局优化的一个基本定理。

设有 n 杆 m 结点组成的桁架，结点受力 P_{jx}、P_{jy}，各杆内力 N_i、长度 l_i。如图 7－1 所示。

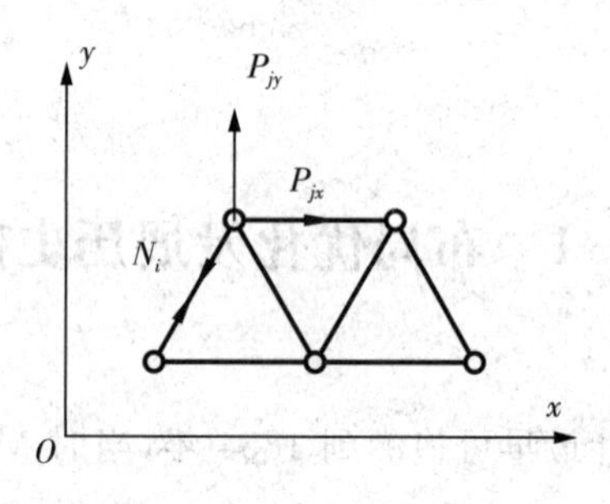

图 7－1　桁架结点力

由于桁架在外力和内力作用下处于平衡状态，所以如将各杆从中切断，得到 m 个汇交平衡力系，将这些汇交平衡力系移到坐标原点，在此移动中做功为 0（因为 $\sum F_i = 0$）。

现在换一种移动方式，先将所有外力包括支座反力移到坐标原点，在这种移动中这些力要做功（图 7－2）：

$$W_{外} = -\sum_{j=1}^{m}(P_{jx}x_j + P_{jy}y_j)$$

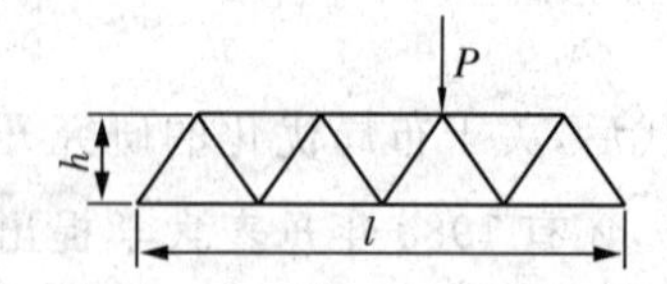

图 7－2　桁架所有外力移到坐标原点

再将所有内力（一对对）作移动：第一步将各杆一端内力移到另一端，在这一步中内力做功（图 7－3）：

$$W_{内} = \sum_{i=1}^{n}(N_i l_i)$$

第二步将移动所得的汇交平衡力系(n 个) 移到坐标原点,在这一步中它们不再做功。

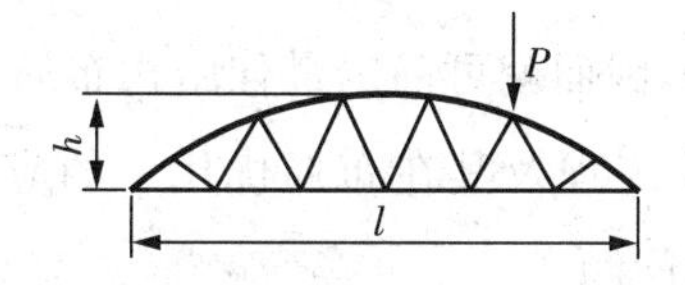

图 7-3　汇交平衡力系移到原点

比较两种移动方式可得:

$$W_{外}+W_{内}=0,即\sum_{i=1}^{n}(N_i l_i)+W_{外}=0$$

这就是 Maxwell 定理表达式,其实质是描述了桁架保持平衡的一个必要条件。

利用 Maxwell 定理可以进行桁架结构布局的优化设计,这是因为:当结构处于满应力时

$$\sum_{i=1}^{n}(N_i l_i)=\sum_{i=1}^{n}(\sigma_i^* A_i l_i)=\sigma_+^* V_+ +\sigma_-^* V_-$$

其中:$\sigma_\pm^*$ 分别表示拉杆、压杆许用应力,$V_\pm$ 分别表示拉杆、压杆总体积。

根据 Maxwell 定理:

$$\sigma_+^* V_+ +\sigma_-^* V_- =-W_{外}$$

而总体积为

$$V=V_+ +V_-,即 V_- =V-V_+$$

代入上式　$\sigma_+^* V_+ +\sigma_-^*(V-V_+)=-W_{外}$

解得　$V=\dfrac{\sigma_-^* V_+ -\sigma_+^* V_+ -W_{外}}{\sigma_-^*}=\dfrac{\sigma_-^* -\sigma_+^*}{\sigma_-^*}V_+ -\dfrac{W_{外}}{\sigma_-^*}$

或将 $V_+ =V-V_-$ 代入 $\sigma_+^* V_+ +\sigma_-^* V_- =-W_{外}$ 解得 $V=\dfrac{\sigma_+^* -\sigma_-^*}{\sigma_+^*}V_1-\dfrac{W_{外}}{\sigma_+^*}$

其中:$W_{外}$ 是 x_j、y_j 即结点坐标的函数;$V_+ =\sum\limits_{i+}(A_i l_i)$;$V_- =\sum\limits_{i-}(A_i l_i)$。

l_i 可用 x_j、y_j 的函数来表示(两点间距离公式);至于 A_i 可表示为$\dfrac{N_i}{\sigma_\pm^*}$,当结构为静定结构时,$N_i$ 与 A_i 无关,只要利用结点坐标(几何参数) 就可以通过静力平衡方程($\sum F_x=0$、$\sum F_y=0$、$\sum M=0$)算出,因而 A_i 也是 x_j、y_j 的

函数。这样,V 就可以表示为 x、y 的函数。

由 $\frac{\partial V}{\partial x_i}=0$、$\frac{\partial V}{\partial y_i}=0$(无约束优化最优性必要条件),就可以求得结构重量最轻时的最佳结点位置,因而就可确定最佳结构布局。

通过介绍 Maxwell 定理及其在布局优化中的应用,可以看到所谓布局优化实质上是一个优化问题:

首先,它是在结构形式和结构拓扑方案已经形成的基础上进行的,即元件的数量已知;

其次,它是在载荷、支承情况已知的情况下进行的,载荷的大小、作用点(作用线)位置以及支承形式、支承点位置已知;

再次,布局优化的设计变量不是尺寸优化中的 A_i,而是各结点的坐标(或决定元件中心线、面位置的几何量),目的是确定各结点或各元件中心线、面的最佳位置;

最后,布局优化的目标函数仍然是 V 或与 V 有关的一些指标。

§7－3 逆静力学法(理想状态空间法)

1. 基本思路

逆静力学法(理想状态空间法)的基本思路如下:

在结构分析中,已知量是结构的几何参数,通过分析计算得出应力、应变、位移这些未知的性能参数,如不满足要求,再反过来修改几何参数。结构设计和优化是一个综合的过程,它是分析的逆过程,应当反其道而行之,即已知量应是结构的性能,然后通过结构分析,直接从中导出未知的几何参数,这就是称之为逆静力学法的原因。

那么,如何将结构的性能要求作为布局优化的已知量?首先需要确定结构的一些理想状态,如等应力状态、满应力状态、等应变能密度状态等。符合每一种理想状态的设计方案不止一个,所有满足同一种理想状态的设计方案所构成的空间称之为某理想状态子空间,如等应力子空间、满应力子空间、等应变能密度子空间等,各种子空间的总和称之为理想状态空间,这是理想状态空间法的由来。

2. 等应力空间

所谓等应力空间是指结构处在这样一种理想状态下：它由只承受拉压的杆件组成，且各杆应力的绝对值均达到许用应力，即 $|\sigma_i| \equiv [\sigma]$。

最轻设计是结构优化追求的目标，寻求结构重量最轻应当在结构设计的较高层次中加以考虑。国内外的研究和设计实践表明：在布局设计阶段就引入旨在使结构重量减轻的优化设计，效果远远好于在形状、尺寸设计阶段的优化。国内外的研究结果都表明：由只承受拉压的杆件组成的桁架或类桁架结构处于上面定义的等应力状态时，材料利用得最为充分，因而可大大减轻材料重量。

3. 力流理论

等应力空间布局优化是在力流理论的基础上建立起来的。

力流是用来描述力在结构中的传递过程以及内力在结构中的形成和分布的概念。力流理论认为：结构的根本功能是传力，结构承受的外载荷要通过一定的路径最终传到支承处，并将其传入基础，它是通过在结构内部形成内力并通过各部分材料之间的内力传递完成的，这种内力流可定义为内力与内力传递所经过的路程（力流线长度）的乘积，即

$$|N| \cdot l$$

根据力流理论，可得出下面一些结论：

凡是力流流经的空间都要安排相应的材料，因为力流是通过各部分材料间的相互作用传递的。

传力构件所消耗的材料与力流线长度成正比，因此，当采用最直接和最短的传力路线时，其消耗的材料最少且产生的变形最小。

为了保证力流线上承受、传递内力的材料不会在传力过程中遭到破坏，力流线上各处所分配的材料量应与该处的应力大小相适应。

为了减小变形，应尽量采用使构件只受拉压的方案，因为构件受拉压应力时比受弯曲、扭转应力时产生的变形小；相反，若希望构件在受力时有较大的弹性变形，则应采用以产生弯曲、扭转应力为主的结构（如拉簧、压簧、扭簧）。

尽量避免力流方向的突变和材料截面的突然过渡。

运用上述概念，对于只承受拉压的杆件结构，令各杆均达到等应力，其材料消耗量恰与力流成正比，因为

$$V=\sum_{i=1}^{n}(A_i l_i) \quad \text{当} \mid \sigma_i \mid \equiv \sigma^* \text{ 时}, A_i=\frac{\mid N_i \mid}{\sigma^*}$$

即
$$V=\sum_{i=1}^{n}(\frac{\mid N_i \mid}{\sigma^*} l_i)=\frac{1}{\sigma^*}\sum_{i=1}^{n}(\mid N \mid_i l_i)$$

在这种情况下，对材料体积 V 求极小等价于对内力流求极小。如果结构是静定的，N_i 与 l_i 均可用结点坐标加以表示，这就使得 V 的表达式成为结点坐标 x、y 的函数，通过优化求得使 V 取得极小值的 x、y 就可以描述出最轻的最佳布局。

4. 等应力空间布局优化的数学模型

设计变量是各结点的坐标 x_j、y_j。

目标函数为结构材料体积 V 或与其有关的一些指标，本文介绍两种：内力成本系数 C_f 和刚度成本 Φ_s。

(1) 内力成本系数 C_f。

$$C_f=\frac{V\sigma}{\sum_{j=1}^{m}\mid P_{jx}\mid\mid x_j-x_1\mid+\sum_{j=1}^{m}\mid P_{jy}\mid\mid y_j-y_1\mid}$$

为了解释这一目标函数的物理意义，建立如下的坐标系：

设结构支承状况为两端简支，两个支承结点分别编号为1与 m，取 $1\rightarrow m$ 为 x 轴正向；

各结点所受外载荷（包括支反力）为 P_{jx}、P_{jy}，其正向与坐标轴正向相同；

各杆内力为 N_i，其正方向指向该杆中点。

在这一坐标系下，C_f 的分母部分可改写为 $\sum_{j=1}^{m}(\mid P_{jx}\mid\mid x_j\mid+\mid P_{jy}\mid\mid y_j\mid)$，从形式上看很像 Maxwell 定理中的 $W_{外}$，但加上绝对值符号后可以理解为外载荷沿最短路径传递到支承结点1的力流。

而分子 $V\sigma=\sigma\frac{1}{\sigma}\sum_{i=1}^{n}(|N_i|l_i)=\sum_{i=1}^{n}(|N_i|l_i)$ 为结构中的实际力流。

因此，C_f 为两种力流之比，是个无量纲的量，由于对于等应力结构来说，消耗材料体积 $V\propto$ 力流，所以实际力流与理想最短力流之比反映了实际消耗材料量与理想消耗材料量的逼近程度。

(2) 刚度成本 Φ_s。

$$\Phi_s=\frac{V}{\sum S_j}$$

其中：V 为材料体积，S_j 为载荷作用点的刚度。

$$S_j=\frac{P_j}{|\Delta_j|}$$

其中：P_j 为作用于 j 结点的外载荷，Δ_j 为该点沿作用线方向上的位移。

Δ_j 可用下述方法计算：

当结构仅受单一集中载荷时，由实功方程

$$\frac{1}{2}P\Delta=\sum_i(\frac{1}{2}N_iu_i)=\sum_i(\frac{1}{2}\sigma_iA_i\frac{\sigma_i}{E}l_i)=\sum_i(\frac{1}{2}\frac{\sigma_i^2V_i}{E})$$

因为等应力情况下 $|\sigma_i|\equiv\sigma^*$，所以

$$\frac{1}{2}P\Delta=\sum_i(\frac{1}{2}\frac{\sigma_i^2V_i}{E})=\frac{\sigma^{*2}}{2E}\sum_i(V_i)=\frac{\sigma_i^2V}{2E}$$

当结构受多个载荷时，可令

$$\sum_j(\frac{1}{2}P_i\Delta_i)=\sum_i(\frac{1}{2}N_iu_i)=\frac{\sigma^{*2}V}{2E}\text{，即}\sum_j(P_i\Delta_i)=\frac{\sigma^{*2}V}{E}$$

由此可见，刚度成本 Φ_s 为单位刚度所消耗的材料，是材料消耗和刚度的综合性指标。

最后看等应力空间布局优化的约束函数。

考虑两种约束：尺寸约束和形状约束。

(1) 尺寸约束。这里的尺寸约束是指由于给定支承位置或外载荷作用点(线)位置而形成的宏观尺寸约束，它可分为三种情况：

A:跨距 l 给定;

B:高跨比 h/l 给定;

C:高度 h 给定。

(2) 形状约束。形状约束是指结构上下边界形状是直线还是非直线,它可分为下列三种情况:

Ⅰ:对上下边界均有要求:① 要求为直线;② 要求为非直线。

Ⅱ:对上下边界中一边界有要求:① 要求为直线;② 要求为非直线。

Ⅲ:对上下边界均无要求。

上述两种约束各种情况的相互搭配,可以形成很多种约束函数集,如AⅠ①、BⅡ②、CⅢ 等。

5. 等应力空间布局优化得出的一些重要结论

通过运用等应力空间对各种载荷、约束情况下的结构进行布局优化,得出一些重要结论。

单个集中载荷下:

(1)AⅠ① 约束(给定跨距、上下边界要求为直线)。

结构的最佳高跨比随跨数的增加而降低,随之内力成本系数升高。

(2)AⅡ① 约束(给定跨距、下边界要求为直线)。

总的来说,AⅡ① 约束条件下的结构优于 AⅠ① 约束条件下的结构。

当 $0.2 < h/l < 0.5$ 时,跨数为 3 时 C_f 最低;

当 $h/l > 0.5$ 时,跨数为 1 时 C_f 最低。

(3)AⅢ 约束(给定跨距、上下边界形状不受约束)

AⅢ 约束最佳结构布局如图 7-4 所示:

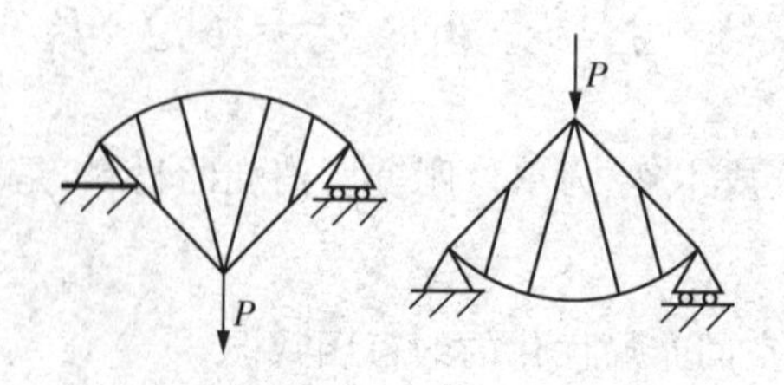

图 7-4　AⅢ 约束最佳结构布局

即力作用的对边为凸形时 C_f 最低。

分布载荷作用时，结构布局如图 7－5 所示：

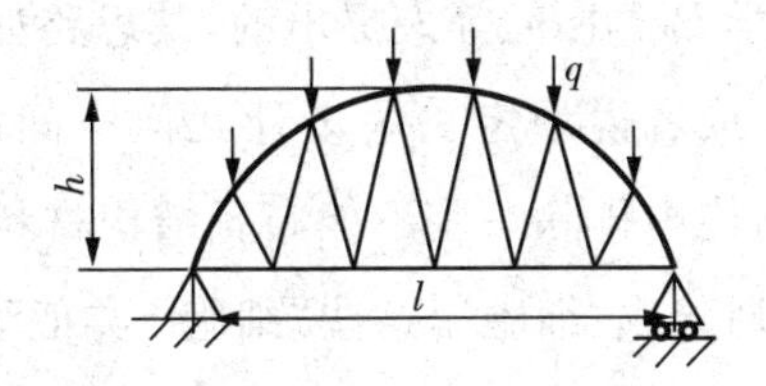

图 7－5　分布载荷作用时的结构布局

$(h/l)^* = 0.5$，上边最佳曲线方程为 $y = h - \frac{4h}{l^2}x^2$

当 $h/l < 0.2$ 时，中间各杆内力不为 0。

当 $h/l > 0.2$ 时，中间各杆内力近似为 0，说明可以拆除，形成布局方案如图 7－6 所示。

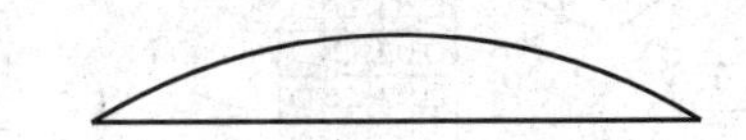

图 7－6　中间各杆内力近似为 0 时的结构布局

上述结论有的验证了长期现场设计中取得的经验，有的尚属新结论，对人们进行更高层次的结构设计具有重要的指导意义。

§7－4　其他布局优化方法

这里介绍切除低应力区法和匀模法两种布局优化方法的基本思路。

1. 切除低应力区法

在杆系布局优化过程中出现过一种万能结构法，即在各点之间建立所有可能的杆件联系，然后在优化过程中逐步去除不受力的杆件，从而形成最佳布局。美国的 Seireg 教授将这一思路扩展到任意弹性体，其基本思路是首先取一个元结构，在给定支承、载荷情况下作有限元分析，算出各单元的主应力值，然后切除那些主应力值小于应力下限值的单元所组成的区域。这种方法充分利用现有的有限元程序，并结合智能技术解决布局优化问题。

2. 匀模法(Homogenization Method)或材料密度法

匀模化是丹麦大学 Bendsoe 等人提出的,其思路如下:

定义一个元结构,或者说划定一块设计几何空间,支承位置、载荷作用点均给定,事先从元结构中排除一些不能布置结构材料的空间。

将所定义元结构划分成“细胞”,这些“细胞”类似于有限元中的单元,但不同的是,这些“细胞”具有尺寸可变的孔洞(图 7-7),或者像复合材料那样具有层状的微结构,即由高密度材料和低密度材料一层层迭合起来。从图

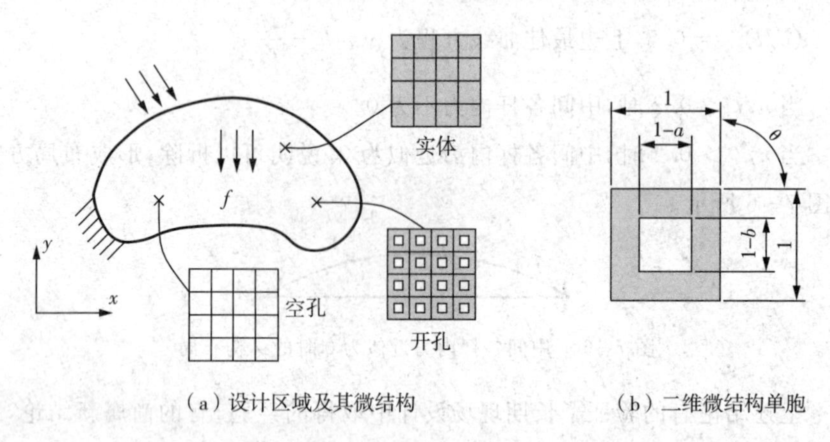

(a) 设计区域及其微结构　　(b) 二维微结构单胞

图 7-7　1988 年 Bendsoe 等人提出的匀模法拓扑优化理论

——在设计区域划分许多具有不同孔洞的微结构对连续体进行拓扑优化

形上看,这种“细胞”由两种颜色组成:高密度区为深色,低密度区为浅色。于是,细胞的综合弹性模量 E 和综合密度 ρ 就随着深色区域面积和浅色区域面积的比例不同而变化,对于层状结构,E 和 ρ 还随着层的走向不同而变化(各向异性)。

图 7-7(a) 中微结构的单胞有 3 种形式:① 没有材料的空孔(孔尺寸 $=1$);② 具有各向同性材料的实体介质(孔尺寸 $=0$);③ 具有正交各向异性材料的开孔介质($0<$ 孔尺寸 <1)。

二维微结构单胞如图 7-7(b) 所示:设计变量是开孔尺寸 a、b 和开孔方位角 θ,其中 θ 是单胞材料主方向。优化过程中各微结构在空孔和实体之间变化,可以用连续变量对设计问题进行描述,完备的设计空间保证了最优解的存在。

以细胞的孔洞尺寸或高密度材料与低密度材料在细胞中占的比例以及层次的走向为设计变量,实质上是以综合弹性模量 E 和综合密度 ρ 为设计变量;

以极小化弹性变形能$U=\frac{1}{2}[\int xu\,\mathrm{d}\Omega+\int_S \overline{x}u\,\mathrm{d}s]$为目标函数；以满足静力平衡方程$U=\int\frac{1}{2}E\varepsilon^2\mathrm{d}\Omega$为约束进行优化。

在这一优化过程中，因为$\sigma=E\varepsilon$，高应力区要想使得变形减小，就要增大E，而增大E则意味着要增加高密度在细胞中所占的比例。至于层的走向，则通过所谓最佳材料正交特性加以控制。

经过上述优化过程，整个元结构已由不同综合密度的细胞组成，反映在图像上就是深浅不一，深处应力大、材料密度大；浅处应力小、材料密度小。给定一个百分数，保留细胞总数给定比例的高密度细胞，就形成结构的拓扑结构，如图 7-8 所示。

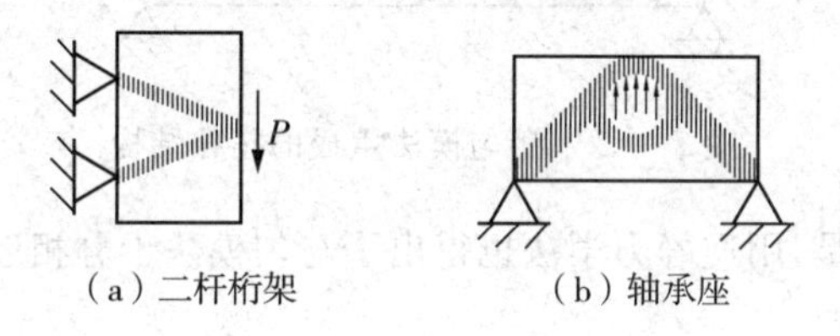

（a）二杆桁架　　（b）轴承座

图 7-8　结构的拓扑结构

给定不同的百分数，还可以得到不同结构，例如：对于同样的支承情况和载荷，给定小百分比时，结构如图 7-9 所示。

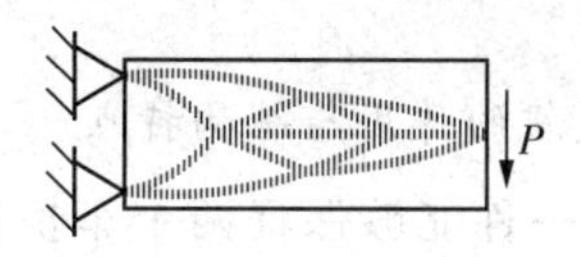

图 7-9　给定小百分比时的结构

给定大百分比时，结构如图 7-10 所示。

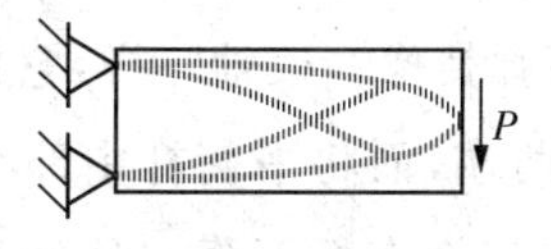

图 7-10　给定大百分比时的结构

得到拓扑结构后，再通过形状优化和尺寸优化就可得到最终的结果。例如："空中客车"飞机机舱中间横梁优化，载荷、支承及宏观尺寸如图 7-11 所示，设计要求中间留出空洞以便布置管线。

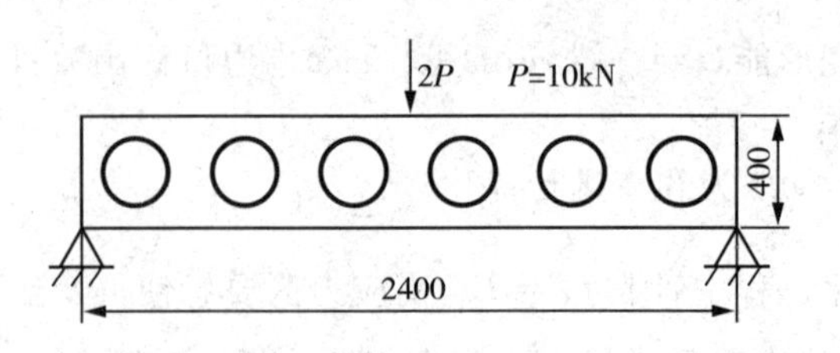

图 7-11 “空中客车”飞机载荷支承及宏观尺寸

用匀模法生成的拓扑结构，如图 7-12。

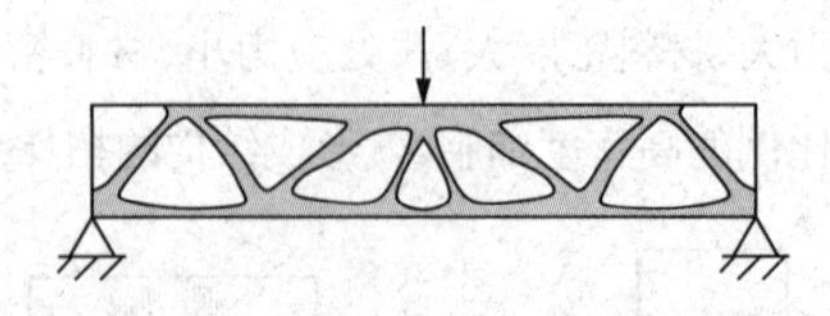

图 7-12 用匀模法生成的拓扑结构

值得一提的是，用逆静力学法也得出了与匀模法十分相近的优化结果。

§7-5 应用实例
——重型卡车平衡轴支架的拓扑优化设计

1. 重型卡车平衡轴支架的作用与结构特点

钢板弹簧平衡悬架是一种能够保证两个车桥垂直载荷相等的悬架，它在三轴和四轴越野汽车和重型载货车中应用广泛。本书研究的平衡轴支架(图 7-13)来自三轴重型载货平衡悬架系统(图 7-14)，中桥与后桥利用平衡悬架连接，在平衡悬架(图 7-15)中钢板弹簧两端自由地支承在中、后桥半轴套管滑板式支架内，钢板弹簧像一根轴一样，它以悬架心轴为支点转动。将两个车桥装在平衡杆的两端，而将平衡杆中部与车架做铰链式的连接。这样，一个车桥抬高将使另一个车桥下降。另外，由于平衡杆两臂等长，则两个车桥上的垂直载荷在任何情况下都相等，这样不会出现在不平路面上行驶时，将不能保证所有车轮同时接触地面的现象。与其他悬架形式相比，这种平衡悬架形式可以有效避免车辆在行驶中出现单桥过载现象，弥补了由于车轮悬空而导致的车辆驱动力下降或转向操纵性差等缺点。在此悬架中，钢板弹簧通过钢板弹簧托架固定在平衡轴支架上，只传递垂直力和侧向力。每一个桥上有一根上推力杆和两根下推力杆，推力杆用橡胶衬垫连接，以保证推力杆在垂直平面内摆动时做一定的扭转。因此推力杆一方面传递牵引力和制动力给车架，另一方面可以减缓车辆横向摆动时车身的侧倾，减轻车桥的振动，以保证车身平稳。

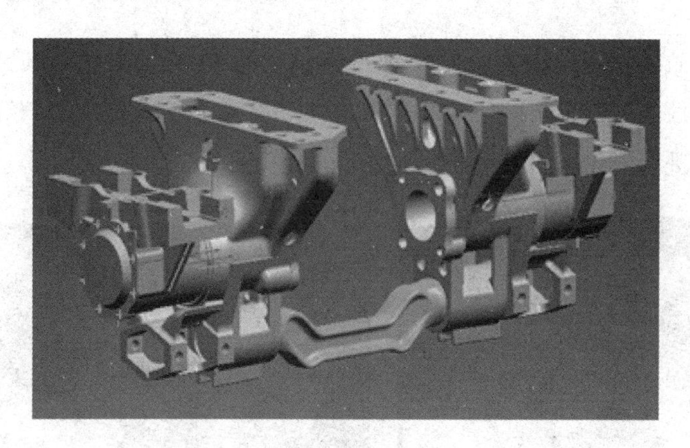

图7-13　平衡轴支架结构图

平衡轴支架是汽车平衡悬架系统中的重要传力部件：路面对车辆的（垂直）反作用力经由后轮——板簧——板簧托座——轴——平衡轴支架传给车架，轮胎与路面摩擦所产生的（水平）推动力也由平衡轴支架上的推力杆传给车架。

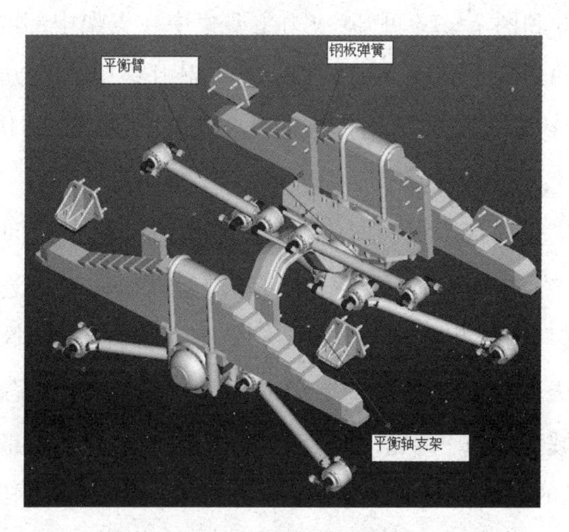

图7-14　平衡悬架结构图

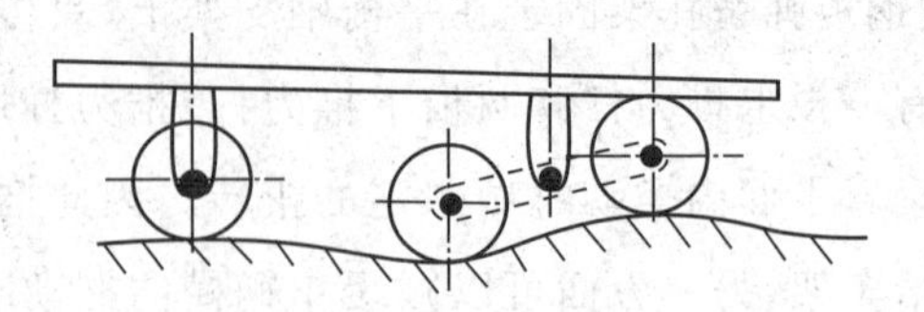

图 7-15　平衡悬架

在产品质量跟踪中曾一度发现平衡轴支架局部出现裂纹，造成后桥轴荷的平衡性不好，严重影响整车的稳定性和平衡轴悬架的使用寿命。对平衡轴支架进行有限元分析，结果如图 7-16 和图 7-17 所示。

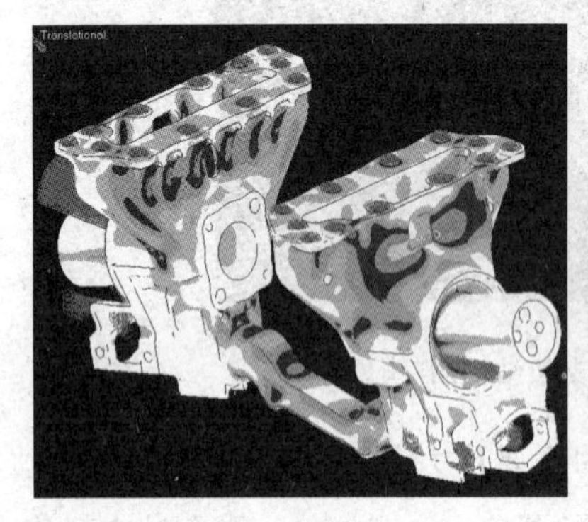

图 7-16　平衡轴支架有限元分析结果图

图 7-17　平衡轴支架有限元分析结果局部放大图

由图 7-16 和图 7-17 可知：应力主要集中在支架中部的侧壁孔周围和平底座的螺栓孔周围。跟踪调查发现，这些应力集中的地方是常出现破裂的部位，因而希望通过拓扑优化获得材料合理分配的拓扑结构形状。

2. 拓扑优化的变密度法

结构拓扑优化的基本思路是，将寻求结构的最优拓扑问题转化为在给定的设计区域内寻求材料最优分布的问题进行求解。对于连续结构拓扑优化，目前比较成熟的优化方法有均匀法、变密度法、渐进结构优化法等。本书采用变密度法进行重卡平衡轴支架的拓扑优化，其基本思想是引入一种假想的密度值域为[0,1]的密度可变材料，将连续结构体离散为有限元模型后，以每个单元的密度为设计变量，将结构的拓扑优化问题转化为单元材料的最优分布问题。

若以结构变形能最小为目标，考虑材料体积约束（质量约束）和结构的平衡，则拓扑优化的数学模型为

求 $X=(X_1,X_2,\cdots,X_n)^T$，使得

$$\min C=F^T D \tag{7-1}$$

$$\text{s. t. } f=\frac{V-V_1}{V_0} \tag{7-2}$$

$$0<X_{min}\leqslant X_\varepsilon\leqslant X_{max} \tag{7-3}$$

$$F=K\cdot D \tag{7-4}$$

其中：C 为结构变形能，F 为载荷矢量，K 为刚度矩阵，D 为位移矢量，V 为结构充满材料的体积，V_0 为结构设计域的体积，V_1 为单元密度小于 X_{min} 的材料的体积，f 为剩余材料百分比，X_{min} 为单元相对密度的下限，X_{max} 为单元相对密度的上限。

在多工况的情况下，对各个子工况的变形能进行加权求和，目标函数变为

$$\min C=\sum W_i C_i \tag{7-5}$$

其中：W_i 为第 i 个子工况的加权系数，C_i 为第 i 个子工况的变形能。

3. 元结构及其有限元模型的建立

图 7-13 所示的重卡平衡轴支架结构的主体部分为中空箱体，材料为 QT450（材料参数见表 7-1），将这一主体部分作为拓扑优化的对象（拓扑优化区域），为了获得材料合理分配的拓扑结构形状，在外轮廓形状不变的前提下（图 7-18）将内腔填实（图 7-19），作为拓扑优化的初始结构 —— 元结构，在 Hypermesh 中采用四面体单元进行网格划分，建立有限元模型如图 7-20 所示。

表 7-1　材料参数

材料	杨氏模量（F/mm^2）	泊松比 μ（—）	σ_b（MPa）
QT450	1.69E05	0.257	482

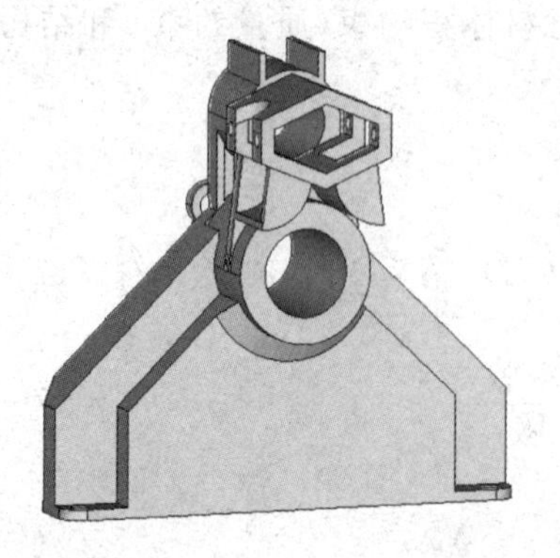

图 7-18　初始设计模型

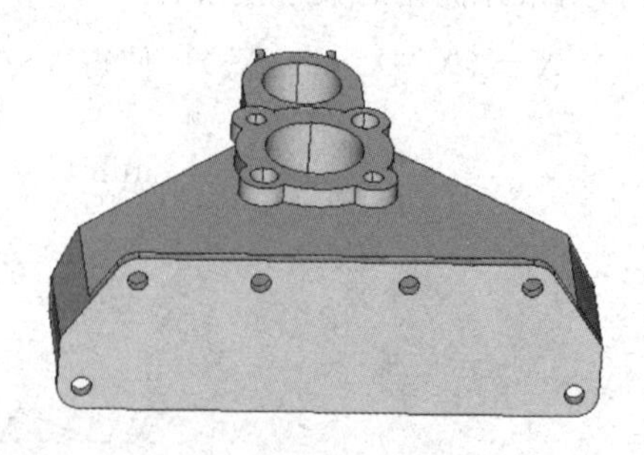

图 7-19　内腔填实后的初始设计模型

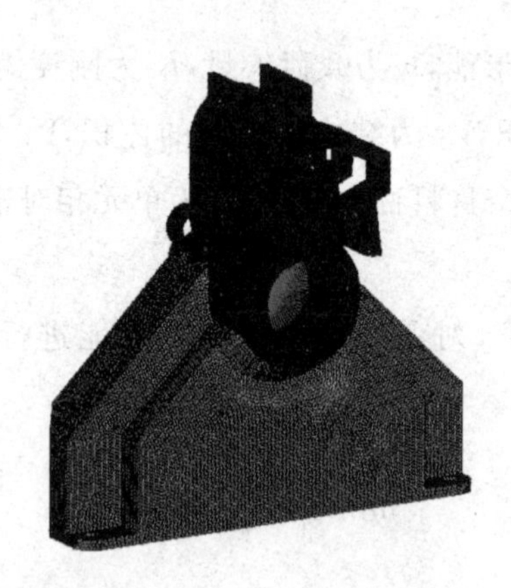

图 7-20　有限元模型

4. 拓扑优化定义和优化结果显示

在 Hypermesh 中利用优化面板定义优化的三要素为设计区域、目标函数和约束条件。按照实际工况加载外力：作用于销轴安装处的垂直方向载荷和作用于推力杆安装处的水平方向载荷。因为结构拓扑优化是按照给定的材料体积百分比决定材料的取舍，而不是按照应力的大小决定材料的取舍，因此，结构拓扑优化结果与载荷的大小无关，只与载荷的方向有关。按照实际载荷的方向，分别在销轴安装处施加垂直方向的载荷 1000N，水平方向的力矩 1000N·m；作用于推力杆安装处的水平方向载荷 1000N。在平衡轴支架与车架的连接面上施加全约束，并设定材料体积约束比为 30%。按照上述方法建立的拓扑优化模型，在有限元 Hyperworks 软件的 Optistruct

中以结构变形能最小为目标函数，以优化区域中每个单元的材料密度为设计变量进行拓扑优化，优化后的材料密度等值面如图 7 - 21 所示。

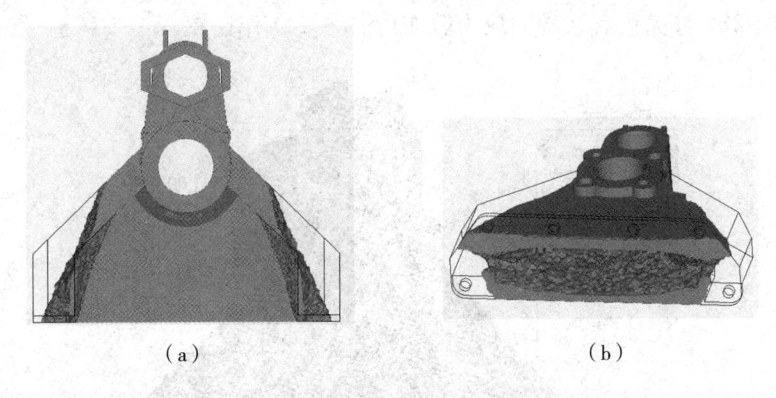

(a)　　　　(b)

图 7 - 21　拓扑优化后的材料密度等值面

5. 验证拓扑优化结果的合理性

图 7 - 21(a) 表明：原结构“肩”部的应力较小，可以不分配材料；图 7 - 21(b) 则表明：原结构内部仍应为空腔，但空腔的形状类似椭圆。根据拓扑优化提供的上述信息对平衡轴支架进行改进设计：内壁轮廓为由四段圆弧组成的类似椭圆，在形状和尺寸上尽量逼近拓扑优化的结果，再根据基本上均匀的合理壁厚确定外轮廓，最终得到优化后的平衡轴支架结构，如图 7 - 22 所示。

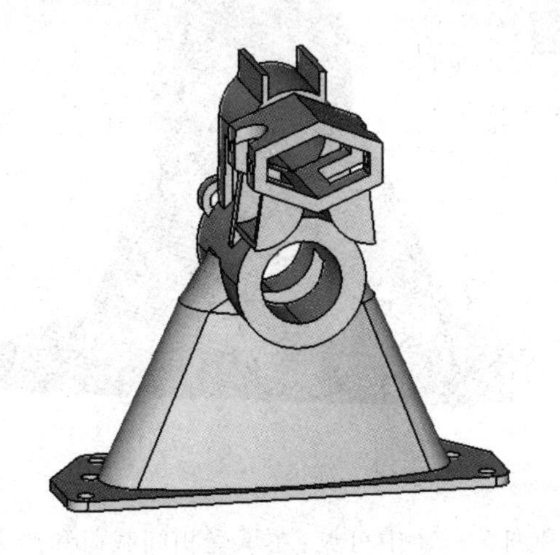

图 7 - 22　优化后的平衡轴支架结构

为了验证拓扑优化结果的合理性，在承受相同载荷和约束的条件下，对原结构和优化后的平衡轴支架结构进行有限元分析，将原结构应力分布（图 7－23）与优化后结构的应力分布（图 7－24）作比较。

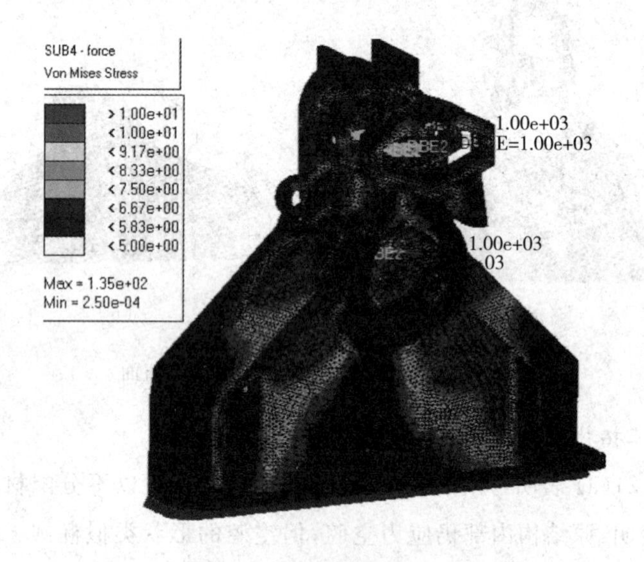

图 7－23　原结构应力分布

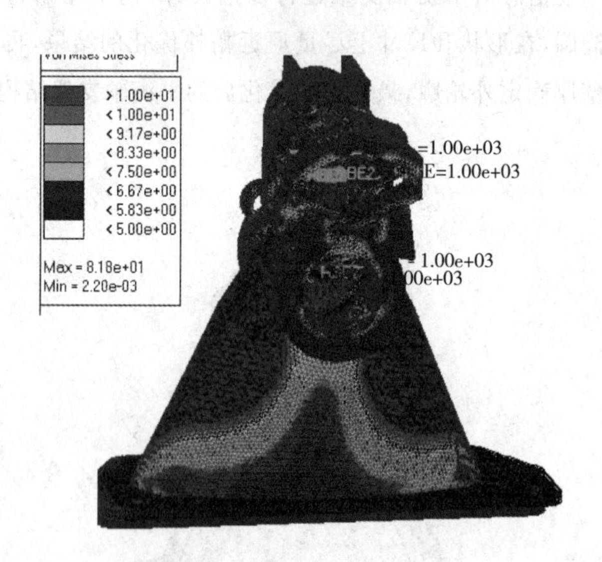

图 7－24　优化后结构应力分布

从图 7－23 和图 7－24 中可见：在承受相同载荷和约束的条件下，原结构的最大应力为 135MPa，而优化后结构的最大应力为 81.8MPa，最大应力减少近2/5;原结构的最小应力为(2.5×10^{-4})MPa,而优化后结构的最小应力为(2.2×10^{-3})MPa,说明优化后结构的应力分布均匀性优于原结构;原结构的体积为(9.28×106)mm^3(重65.5kg),而优化后结构的体积减小为(7.94×106)mm^3(重56.2kg),体积(重量)下降了14.2%,实现了轻量化。由此可知,拓扑优化的结果是合理的,为平衡轴支架结构的改进设计提供了重要的技术信息。

思考与练习

根据力流理论,如希望结构变形较小,应尽可能采用仅承受拉压应力的结构方案;如希望构件有较大的弹性变形,则应采用承受弯曲或扭转应力的结构方案。为什么?

参考文献

[1] 刘济庆,王崇宇．结构力学[M]. 北京:国防工业出版社,1984.

[2] [美] Johnson R C. 机械设计综合:创造性设计与最优化[M]. 北京:机械工业出版社,1987.

[3] 徐芝纶．弹性力学简明教程[M].2 版．北京:高等教育出版社,1984.

[4] 黄义．弹性力学基础及有限单元法[M]. 北京:冶金工业出版社,1983.

[5] 卓家寿．弹性力学中的有限元法[M]. 北京:高等教育出版社,1987.

[6] 徐次达,华伯浩．固体力学有限元理论、方法及程序[M]. 北京:中国水利电力出版社,1983.

[7] [挪威]霍拉德 I,贝尔 K. 有限单元法在应力分析中的应用[M]. 凌复华,译．北京:国防工业出版社,1978.

[8] 姜礼尚,庞之垣．有限元方法及其理论基础[M]. 北京:人民教育出版社,1979.

[9] David K. 有限元的未来是多物理场耦合[J]. CAD/CAM 与制造业信息化,2008,5:20 - 21.

[10] 宋少云．多场耦合问题的分类及其应用研究[J]. 武汉工业学院学报,2008,3:46 - 49.

[11] 宋少云．多场耦合问题的建模与耦合关系的研究[J]. 武汉工业学院学报,2005,4:21 - 23.

[12] 宋少云．瞬态耦合场的协同仿真[J]. 武汉工业学院学报,2006,2:35 - 39.

[13] 王光远,董明耀．结构优化设计[M]. 北京:高等教育出版社,1987.

[14] 张广圣,王其祚．机械结构多级优化的问题与对策[J]. 合肥工业大学学报:自然科学版,1990,1.

[15] 陆晓军．机械结构的布局[D]. 合肥:合肥工业大学机械与汽车工程学院,1993.

[16] 王其祚,朱家诚,陆晓军．结构布局优化问题研究的最新进展——关于结构布局问题的研究报告之一[J]. 合肥工业大学学报:自然科学版,1992,S1.

[17] 王其祚,朱家诚,董玉革．应用理想性态空间法生成结构布局问题的原理与方法——关于结构布局问题的研究报告之二[J]. 合肥工业大学学报:自然科学版,1992,S1.

[18] 王其祚,朱家诚,董玉革．应用理想性态空间法生成立柱类结构布局的原理与方法——关于结构布局问题的研究报告之三[J]. 合肥工业大学学报:自然科学版,1992,S1.

[19] 董玉革．机械结构件的几何布局[D]. 合肥:合肥工业大学机械与汽车工程学院,1992.

[20] 陈雨阳．等应力空间的结构优化[D]. 合肥:合肥工业大学机械与汽车工程学院,1994.

[21] 石作维,等．基于 Hyperworks 的平衡轴支架拓扑优化设计[J]. 计算机测量与控制,2009,1:78-79.